04 수학 교사를 위한 지침서
대한수학교육학회 번역시리즈

Developing Essential Understanding of
Ratios, Proportions, and Proportional Reasoning
for Teaching Mathematics

비, 비례, 비례 추론의 필수 이해

박정숙 · 강현영 · 고은성 · 이동환 옮김

idea

NCTM | NATIONAL COUNCIL OF TEACHERS OF MATHEMATICS

KYOWOOSA 교우사

Developing essential understanding of
ratios, proportions & proportional reasoning
for teaching mathematics in grades 6-8
(ISBN 978-0873536226)]

This Korean edition was published by KyoWooSa Publishing Company in 2016 by arrangement with National Council of Teachers of Mathematics through KCC(Korea Copyright Center Inc.), Seoul.

이 책은 (주)한국저작권센터(KCC)를 통한 저작권자와의 독점계약으로
교우사에서 출간되있습니다.

역자 서문

수학을 왜 가르치고 배워야 하는가에 대한 답변은 시대의 변화에 따라 달라질 것이다. 세계는 지식기반정보화 사회, 즉 3차 산업혁명 시대를 넘어 기계와 제품의 지능화와 사물인터넷으로 요약할 수 있는 4차 산업혁명 시대에 접어들었다. 이러한 변화 속에서 수학교육은 어떤 모습이어야 하는가에 대한 고민이 필요하다.

이 책은 NCTM의 「필수 이해 시리즈」(Essential Understanding Series)」를 대한수학교육학회의 주관 하에 번역한 것 중 한 권으로, 위의 문제에 대한 직접적인 답을 주지는 않지만 시의적절하게 우리나라의 수학교육을 반성할 기회와 제언을 제공할 수 있을 것이다. 교육과정을 수학 수업으로 실행하는 주체이자 교수·학습 활동의 전문가인 교사의 역할에 대한 강조는 수학교육의 세계적인 추세이며, 교사 전문성을 개발하기 위한 여러 방면의 연구도 활발히 진행 중에 있다. 「필수 이해 시리즈」는 수학 수업의 주체인 교사가 학생들을 지도할 때 참고할 수 있는 특정 수학 주제에 대한 자료이다.

이 책은 「필수 이해 시리즈」 중 중학교 학생들의 비, 비례, 비례추론 학습에 대한 필수 이해를 다루고 있다. 비, 비례는 일상적으로 많이 사용하고 있는 개념이며 수학과 과학에서 자주 등장하는 용어이다. 또한 비례추론은 두 가지 양의 변화를 다루면서 하나의 대상으로 생각할 수 있어야 하므로 많은 학생들이 잘 사용하지 못하는 추론 중 하나이다. 수학교육적 관점에 따라 비, 비례, 비례추론을 지도하는 접근 방식은 차이가 있을 수 있다. 오늘날 수업 이전의 학생이 개인적 경험으로부터 출발하여 수학 학습이 이루어져야 한다는 관점과 연산의 기능 또는 절차적 측면뿐만 아니라 의미를 강조해야 한다는 관점에서 비, 비례, 비례추론 지도와 관련하여 다음 두 가지를 언급하고자 한다.

첫째, 비는 두 가지 양을 관련지어 해석해야 한다. 이 때 덧셈이 아니라 곱셈을 활용하여 비교하며, 이 과정에서 몫으로 해석할 수 있어 분수와 공통된 부분이 있으나 엄밀히 말하면 비와 분수는 서로 다르다.

둘째, 불변량을 인식하는 것은 비례추론에서 가장 중요한 요소 중 하나이다. 두 가지 양이 동시에 변할 때 변하지 않는 불변량을 인식하는 것은 비례성을 발달시키는데 있어 핵심적인 부분이다. $y=ax$의 형태인 일차함수에서 불변량은 비례상수 a가 되며 정비례와 일차함수 사이의 관련성을 인식할 수 있다.

그러나, 비와 분수를 구분하고, 비의 계산과 비례추론을 구분하는 것은 전적으로 교사의 몫이다. 교사는 학생들에게 비, 비례, 비례추론 상황을 제공할 때 다양한 예시를 사용하여 제시함으로써 학생들이 비, 비례, 비례추론을 다양한 상황에서 인식하고 적절한 연산을 선택하여 표현할 수 있도록 할 수 있다.

이 책은 비, 비례, 비례추론에 대한 핵심 아이디어와 필수 이해를 다루기 위해 도입부에 이어 총 3개의 장으로 구성되어 있다. 1장에서는 비, 비례, 비례추론에 관한 핵심 아이디어와 필수 이해를 제시하고 있다. 각각의 아이디어 자체뿐만 아니라 아이디어 간의 연결에 대해 생각해 보고, 생각해보기 질문에 대해 숙고하면서 비, 비례, 비례추론에 대한 여러분의 이해를 보완하고 강화할 수 있다. 2장은 학생들이 이미 직면했거나 이후에 직면하게 될 수학에 비, 비례, 비례추론에 관한 아이디어가 어떻게 연결되는지 이해할 수 있는 기회를 제공하고 있다. 마지막으로 3장에서는 비, 비례, 비례추론에 관련된 교수, 학습 및 평가에 대해 제시하고 있다.

역자들은 이 책의 내용을 가감 없이 그대로 전달하고자 하였다. 이 책에 담긴 필수 이해와 그것을 예시하는 다양한 사례를 통해 중학생에게 비, 비례, 비례추론을 의미 충실하게 지도하기 위한 교사 전문성이 구체화될 수 있기를 기대한다. 또한 급격한 변화 속에서 학교 수학에서 다루어야 할 것이 무엇인가에 대한 고민에 도움이 되길 바란다. 이 책의 출판을 위해 노력해주신 교우사 여러분께 깊은 감사의 뜻을 전하는 바이다.

2016. 11.
역자 일동

- 차례 -

서문

유아·유치원(prekindergarten)에서 12학년까지의 수학을 가르치기 위해서는 수학에 대한 특별한 이해가 필요합니다. 유능한 수학 교사들은 설명법을 찾고, 수학 안과 밖의 주제들 간의 내용을 접목시키면서 자신들이 가르쳐야 하는 내용 자체뿐만 아니라 그 이상을 생각합니다. 가르치는 주제에 대하여 학생들에게 어떤 수학이 중요한지 아는 교사들을 만날 때, 학생들은 교육과정과 학업 성취에 대한 기대치를 더 잘 충족할 수 있게 됩니다.

미국수학교사협의회(NCTM)가 출간한 「필수 이해 시리즈(Essential Understanding Series)」는 2006년에 출판된 「유아·유치원에서 8학년까지의 수학을 위한 교육과정 초점 사항 : 일관성을 위한 요구(Curriculum Focal Points for Prekindergarten through Grade 8 Mathematics: A Quest for Coherence)」와 2009년에 발간한 「고등학교 수학의 초점 : 추론과 이해(Focus in High School Mathematics: Reasoning and Sense Making)」의 정신에 따라 학교수학 교육과정에 집중하였습니다. 「필수 이해 시리즈」는 학생들을 가르칠 때 도움이 될 수 있도록, 특정 수학 주제에 대하여 개인의 지식을 넓히고 질을 향상시키기 위해 수학적으로 사고하고 싶은 교사와 동료를 위한 자료입니다. 각 책의 주제는 학생들은 배우기 어렵고, 교사는 가르치기 힘들며, 학생들이 학습자로서의 성공과 그들의 미래의 삶과 진로에 매우 중요한 역할을 할 수 있는 수학적 영역을 다루고 있습니다.

교사로서, 연구자로서 그리고 수학자로서의 자신들의 경험에 기반을 두고 저자들은 각 책의 주제에 중심이 되는 핵심 아이디어를 설명하고 있습니다. 필수 이해—주제의 본질을 포착하는 수학적 관점—가 모여서 각각의 핵심 아이디어를 이룹니다. 종합적으로, 핵심 아이디어와 필수 이해는 집중적이고 연결되며 유용한 수학적 관점을 교사들에게 제공합니다. 학생들이 학교수학에서 선수 학습이나 후속 학습으로 배우게 되는 주제를 교수 및 평가와 연결시켜 주는 것은 교사의 수학에 대한 필수 이해의 관련성과 중요성을 설명해 줍니다.

이 시리즈를 만들 수 있게 도와준 모든 사람들에게 이사회를 대신하여 진심으로 감사를 표합니다. 특별히 시리즈의 편집자로서 리더십을 발휘한 Rose Mary Zbiek에게 감사의 뜻을 전합니다. 필수 이해 프로젝트 팀과 함께 이 책을 접하는 여러분을 환영하며, 여러분들이 앞으로도 수학을 배우고 가르치는 것에 대하여 오랫동안 즐길 수 있기를 바랍니다.

Henry Kepner
회장, 2008-2010
미국수학교사협의회

머리말

유아·유치원~12학년까지, 수학과 교육과정은 학생들의 발달에 중심이 되는 중요한 주제들을 포함하고 있다. 이 주제들을 이해한 학생들은 새로운 수학 분야로 자연스럽게 넘어가며 자신감을 가지고 계속 발전해 가게 된다.

그러나 이 주제들 중 많은 부분은 전통적으로 배우거나 가르치기가 어려웠으며, 학생들의 발달을 점검하기 위한 문지기로서의 역할을 하기보다는 장애물 역할을 하는 것으로 증명되었다. 이러한 주제들에 대하여 기초를 단단히 다지지 못한 학생들은 수학이나 관련된 교과목에서 후속 학습을 할 때 대개 가속도를 내지 못하고 활동을 해 나가는 데 어려움을 겪는다.

「필수 이해 시리즈」는 모든 단계에서 이런 주제들을 분석했다. 학생들에게 이런 주제들을 가르치는 교사들은 학생들이 수학적 성취를 이루는 데 중요한 역할을 한다. 이 시리즈의 각 책은 여러분처럼 단지 유능함을 넘어서 교실에서 훌륭한 교사가 되고 싶은 사람들에게 학생들이 꾸준히 수학적으로 발달할 수 있도록 한 가지 또는 더 많은 주제들에 대하여 이해를 풍부히 할 수 있도록 돕는다.

얼마나 알아야 하는가?

이러한 어려운 주제들을 효과적으로 가르치기 위해서는 폭넓고 깊은 수학적 이해에 관심을 가져야 한다. 그런데 어려운 것은 학생들이 알고 배워야 할 것이라고 기대하는 것 이상으로 교사는 그 주제들에 대해 더 많이 알아야 한다는 것이다.

왜 그렇게 광범위한 지식이 필요한 것인가? 왜 가르쳐야 하는지에 대한 것과 학생들이 알아야하는 것 이상의 지식이여야 하는가? 이 질문에 대한 답은 많은 요소로 설명할 수 있다.

학생들에게 성공적인 학습경험이 되도록 계획하기 위해서는 다양한 모델들과 표현을 이해해야 하며, 어떠한 경우에는 교육과정을 평가하고 수업을 계획하면서 여러 기술들을 익혀야 할 때도 있다. 교사는 과제를 선택하고 실행하면서 무엇을 강조해야하는지 알아야 하며 그것이 수학적으로 왜 중요한지도 알아야한다.

교사는 수업하면서 학생들이 당혹해 할 것을 예상해야 하고, 학생들이 그러한 함정을 피해갈 수 있도록 도와줘야 하며, 오개념을 인지하고 바로 잡아야 한다. 또한 예측하지 못한 수업 상황들을 활용하여 다양한 수학 주제들을 연계하여야 한다. 만약 평가에서 학생들이 수업에서 다룬 내용을 잘 이해하지 못한 것으로 나타난다면, 학생들이 이해하지 못한 부분을 어떻게 설명할 것인지 알아야 한다. 한 번에 알아듣지 못하는 학생들을 위해 다양한 방법으로 수학을 묘사하도록 다양한 방면에 대해 충분히 이해해야 한다. 또한, 전체 수학 교육과정에 비추어 그 주제가 어디에 연계되는지 알아야 한다. 그리고 학생들의 생각이 어디에서부터 오며, 추후 학습에서는 학생들이 수학적으로 어디로 향해 나아갈지도 알아야 한다.

이러한 일들을 수학적으로 수행하는 것이 무리한 요구로 들릴 수도 있다. 그러나 교사가 폭넓게 수학적으로 이해해야 학생들을 잘 인도하고 학생들이 순조롭게 학습할 수 있도록 다양하게 지도할 수 있게 된다.

「필수 이해 시리즈」가 어떤 도움이 되는가?

「필수 이해 시리즈」는 여러분이 지도하는 내용에 대한 지식을 강화시키도록 수학에 대하여 철저히 점검할 수 있는 기회를 제공한다. 이 책들은 학생들에게 사용할 수 있는 자료를 직접적으로 제공하지 않을 뿐더러, 학급 관리나 가르치는 방식, 또는 평가 기법들을 다루지도 않는다. 그 대신 이 책들은 수학 내용에 관한 주제들, 즉 수업을 준비할 때 필요한 아이디어와 이해, 수업 지도, 학생들과의 일대일 상호작용, 그리고 평가에 대해 집중적으로 다룬다.

저자들이 주제에 어떻게 접근하고 있는가?

저자들은 각 주제에 대해 "핵심 아이디어(big ideas)"와 "필수 이해(essential understandings)"로 구분하고 있다. 핵심 아이디어는 하나의 수학적인 주제에 중심이 되고 비교적 작으면서 많은 수학적 아이디어들을 묶어 일관성 있게 하나로 연결하는 광범위한 개념의 중요한 수학적 진술이다. 이 책에서 각각의 핵심 아이디어들과 관련된 비교적 작고 구체적인 주제들을 *필수 이해*라고 부른다. 저자들은 핵심 아이디어들의 특징적인 측면들을 부각하고 이에 대한 풍부한 증거를 제공한다.

핵심 아이디어들은 수학에 있어 매우 큰 가치를 가지고 있다. 서로 관련된 필수 이해들을 꾸준히 연구함으로써 매우 압축된 진술문의 힘과 가치를 느낄 수 있을 것이다. 다수의 이런 작은 개념들을 완벽히 이해하고 이를 통해 핵심 아이디어에 접근하는 것은 여러분의 지적 자산과 수업 가능성을 상당히 증대시켜 줄 것이다.

교사의 역할 중 하나로 수학적 아이디어를 연구하면서, 여러분은 아마도 이런 필수 이해들이 학생들에게 어려운 주제들 중 하나를 제시하기 위하여 교사에게 필요한 이해의 핵심이라는 것을 알아차렸을 것이다. 이런 필수 이해라는 수학적 조각들이 모여 핵심 아이디어를 구성하기 때문에 이를 잘 아는 것이 매우 중요하다.

이 책들은 어떻게 구성되어 있는가?

「필수 이해 시리즈」의 모든 책들은 같은 구조를 가지고 있다.

- 서론에서는 개요와 특정 주제들을 선정한 이유들을 설명하며, 교사들과 학생들이 알아야 하는 것의 몇 가지 차이점들을 강조한다.
- 1장은 이 책의 핵심이며, 핵심 아이디어들과 그에 관련된 필수 이해들을 구분하여 검토하였다.

- 2장은 1장에서 다룬 개념들을 각 학년에서 나오는 수학 개념이나 학생들이 선수나 후속으로 수학을 공부할 때 마주칠 다른 수학 개념과의 관련성을 고려하여 살펴본다.
- 3장은 개념을 다루면서 나온 주제에 관련된 필수 개념을 이해할 때, 겪는 학생들의 어려움을 다루는 것으로 마무리 짓는다. 그리고 학생들의 사고 발달을 분석하고, 학생들의 이해도를 평가하며, 그들에게 주제를 제시할 수 있게 안내한다.

1장에는 핵심 아이디어와 필수 이해를 논의하는 가운데 "생각해보기"라고 분류된 질문들을 군데군데 넣었다. 읽으면서 잠시 멈춰 질문에 대해 스스로 생각해 보거나 동료들과 논의해보는 것이 중요하다. 자료에 이러한 방식으로 접근하는 것은 이 책을 읽는 경험을 참여적이고 상호적이며 역동적이게 할 수 있을 것이다.

생각해보기 질문들은 같은 지역 교사들이나 온라인상에 연결된 같은 학군의 교사들, 그리고 나아가 시 전체의 교사들과 대화 주제가 될 수 있을 것이다. 그러므로 생각해보기 질문은 교사들이나 예비교사들이 개인이나 집단으로 대학 수업 혹은 그 이후에 공식적 또는 비공식적 경험을 위한 도구로 사용할 수 있다.

새로운 관점

「필수 이해 시리즈」는 교사에게 폭넓고 깊은 수학적 이해를 지원함으로써 학생들이 다양한 방법으로 도움을 받을 수 있게 하기 위한 것이다. 논의되는 수학과, 교육과정상 학생들이 이전과 이후에 배우게 될 수학과의 관련성을 고려함으로써 이 책은 흔치 않은 깊이와 학교수학의 수직적 연계성에 대한 통찰력을 제공한다.

이 시리즈는 「학교수학을 위한 원리와 규준(Principles and Standards for School Mathematics)」(NCTM, 2000), 「유아·유치원에서 8학년까지의 교육과정 초점 사항 : 추론과 이해(Curriculum

Focal Points for Prekindergarten through Grade 8 Mathematics: Reasoning and Sense Making)」(NCTM, 2009), 그리고 「내비게이션(Navigations) 시리즈」(NCTM, 2001-2009)의 배경과 대비하여 진술하고 있다. 이 새로운 책들은 내용에 기반된 교사의 전문성 발달 기회를 제공하는 데 중요한 역할을 한다.

다른 출판물들은 차례차례 새로운 책에 살을 붙이고 질을 높이는 데 사용할 수 있다. 이 책을 읽은 후에, 예를 들어, 학생들이 「필수 이해 시리즈」에서 논의된 주제들에 대한 통찰력을 기르도록 직접적으로 할 수 있는 규준 기반 활동들을 「내비게이션 시리즈」에서 골라낼 수도 있을 것이다. 만약 유아·유치원에서 8학년까지를 가르친다면, 「교육과정 핵심 사항(Curriculum Focal Points)」에서 제시한 3가지 중점들을 이용해 여러분의 심층적인 이해를 접목시켜 제시할 자료를 가지고 학생들의 수준에 맞추어 안내할 수 있을 것이다. 그리고 9학년에서 12학년 학생들을 가르친다면, 「고등학교 수학의 초점(Focus in High School Mathematics)」에 나와 있는 것처럼 여러분이 이해한 것을 이용하여 학생들이 수학적 증명이나 이해를 형성할 수 있는 방법들을 풍부하게 할 수도 있을 것이다.

질 높은 이해는 새로운 관점을 제공하며 가르칠 때 새로운 에너지를 불어 넣는다. 우리는 여러분이 이 책을 읽으면서 습득한 이해가 학생들이 그들의 수학적 성공을 확신시켜주는 주제들을 완벽히 이해하도록 돕는 것을 지원해 줄 수 있기를 소망한다.

저자들은 이 책을 준비하는 과정에서 유용한 공헌을 해 준 Deborah Schifter에게 감사를 표한다. 또한 초기 버전에 대해 사려 깊은 검토를 해 준 Joanne Rossi Becker, Barbara M. Brizuela, John Lannin, Christina Nugent, Walter Seaman에게 감사를 표한다.

서론

이 책은 비, 비례, 비례추론에 대한 아이디어에 초점을 맞추고 있다. 이러한 아이디어는 6~8학년에서 수학을 효과적으로 가르치기 위해 교사가 충분히 이해해야 하고 유연하게 사용할 수 있어야 하는 것이다. 이 책은 중학교 교육과정에서 주로 다루는 여러 가지 수학적 아이디어에 대해 논의하며, 교사는 자신의 학생들이 학습할 수학을 깊이 있게 탐구하고 그 이상으로 확장하도록 스스로에게 동기를 부여한 다양한 수학 경험을 가지고 있다고 가정한다.

이 책은 교사가 이러한 아이디어에 참여할 수 있도록 설계되었고, 비와 비례 관계의 복합성을 반영하여 수업을 계획하고 실행하며 학생들의 학습을 평가하도록 이끄는 이해를 교사가 개발할 수 있도록 도와줄 것이다. 이러한 관계에 관한 아이디어를 깊고 풍부하게 이해하는 것은 학생들이 학교수학의 경험 전반에 걸쳐 접하였고 앞으로도 지속적으로 접하게 될 수학에 이러한 아이디어가 어떻게 스며들어 있는지를 보여줌으로써, 그 영향력과 범위에 대해 학생들과 소통할 수 있도록 해 준다.

이러한 연구로부터 교사가 얻게 되는 비, 비례, 비례추론에 관한 이해는 「학교수학을 위한 원리와 규준」(NCTM, 2000)에 제시된 비전을 뒷받침한다. "모든 학생이 높은 수준의 흥미로운 수학 수업에 참여하는 교실, 학교 또는 학군을 상상하자(p. 3)." 이 비전의 성취는 "전문가로 끊임없이 성장하고 있고(p. 3)", 수학을 이해하며 학습하도록 도울 수 있는 의미 있는 경험에 학생을 일상적으로 참여시키는 교사에게 달려있다.

왜 비, 비례, 비례추론인가?

NCTM의 「필수 이해 시리즈」의 모든 책에 제시된 주제와 마찬가지로, 비, 비례, 비례추론은 학생의 학습에 있어서 대단히 중요하지만, 교사가 가르치기에는 도전적인 학교수학의 주요 영역이다. 6~8학년 학생들은 해당 학년과 그 이후에 이루어지는 수학 학습에서 성공하기 위해서는 비례성에 대해 잘 이해할 필요가 있다. 학생들은 종종 비와 비례를 혼동한다. 예를 들어, 비와 분수 사이의 관계는 무엇인가? 많은 학생들은 이 두 가지가 서로 같다고 잘못 알고 있다. 비, 비례, 비례추론은 중요하고 이것을 제대로 이해하는 것이 어렵기 때문에, 6~8학년의 학생들을 지도하는 수학교사들은 비, 비례, 비례추론에 대해 잘 이해하는 것이 필수적이다.

중학교의 수학 교사로서 해야 할 일은 교사, 학교, 학군 및 해당 주의 교육과정에서 학생들이 비, 비례, 비례추론과 관련하여 학습하기를 기대하는 수학을 견고하게 이해하는 것이다. 또한 교사는 이러한 수학이 실제 수업에서, 현 학년과 앞으로의 학년에서 학생들이 배울 다른 수학적 아이디어와 어떻게 관련되는지 알아야 한다. 풍부한 수학적 이해는 수업에서 과제 선정하기, 질문하기, 자료 선택하기, 시간에 따라 주제와 아이디어 순서 짓기, 학생 활동의 질 평가하기, 학생의 사고를 자극하고 도울 수 있는 방법 고안하기와 같이 교사가 해야 하는 많은 부분에서 교사가 의사결정 하도록 안내한다.

비, 비례, 비례추론 이해하기

교사가 수학을 가르치는 이유는 사람들이 학교, 직장, 삶에서 성공하고 만족할 수 있는 방법으로 수학을 이해하기를 바라기 때문이다. 교사는 학생들이 비, 비례, 비례추론에 대해 탄탄하고 지속적인 이해를 발전할 수 있도록 돕기 위해 수학을 깊이 있게 이해해야 한다. 그렇다면 이것은 무엇을 의미하는가?

비, 비례, 비례추론과 같은 수학 영역을 이해한다는 것은 어떠한 사실을 알고, 특정한 유형의 문제를 해결할 수 있으며 관련된 어휘에 능통하다는 것으로 생각하기 쉽다. 예를 들어, 중학생의 경우 "비는 다양한 방식으로 표현할 수 있다."와 같은 사실을 알고 있을 것이다. 비례를 이용해 문제를 해결하는 것도 익숙할 것이다. *비, 비례, 비례성 그리고 비율* 등의 수학 용어들도 알고 있을 것이다.

물론 특정한 유형의 문제를 해결하기 위한 사실, 어휘, 기법이 교사가 비, 비례, 비례추론에 관하여 알고 있을 것이라 기대하는 전부는 아니다. 예를 들어, 교사는 비례관계와 비례관계가 아닌 것 간의 차이점에 대해 반드시 알아야 한다. 비례관계에서, 교사는 비가 같다는 것의 의미와 동치인 비를 만들어내는 여러 가지 방법에 대해 이해해야 한다.

6~8학년의 모든 수학교사들이 비와 비례와 관련하여 가르쳐야 하는 수학적 아이디어에 대해 긴 목록을 만드는 것은 쉽다. 교육과정 개발자들은 종종 그러한 목록을 개발하고 제시한다. 하지만, 개별적인 항목들이 중요할 수 있어도 이러한 목록들은 주제에 대한 풍부한 이해의 본질을 담아낼 수 없다. 비, 비례, 비례추론을 심도 있게 이해하기 위해서는 중요한 수학적 아이디어를 아는 것뿐만 아니라 이러한 아이디어들이 어떻게 서로 관련되는지 인식해야 한다. 교사의 이해는 새로운 아이디어를 수용하고 익숙한 아이디어를 새롭게 연결하는 경험과 기회를 통해 계속 성장해 나간다.

뿐만 아니라 비, 비례, 비례추론에 대한 교사의 이해는 학생에게 지도해야 할 내용을 뛰어넘어야 한다. 교사가 알아야 하는 것과 학생들이 학습하기를 기대하는 것 사이의 차이점 중 일부는 쉽게 설명할 수 있다. 예를 들어, 교사는 비, 비례, 비례추론에 대해 학생들이 나중에 다루게 되지만 아직은 이해하지 못하는 주제인 일차함수와의 관련성에 대해서도 이해해야 한다.

교사가 알아야 하는 이해와 학생들이 학습하기를 기대하는 이해 사이의 또 다른 차이점은 교실에서 겪는 경험을 통해 어느 정도 알게 된다. 예를 들어, 학생의 예기치 못한 질문이나 주장의 가치를 알아볼 때, 비, 비례, 비례추론을 이해하는 것에 대하여 얼마나 많은 고마움을 느꼈는가? 또한 지식이 부족하여 그러한 기회를 놓치거나 충분히 장점을 활용하지 못하고 실패할 수도 있다는 것에 대해 얼마나 많이 생각해왔는가?

대부분의 교사가 이미 알고 있듯이, 교실에서는 친숙한 수학을 알고 할 수 있는 것만으로는 충분치 않다. 교사도 새로운 주장을 밝혀내고 정당화하거나 반박할 수 있어야 한다. 이러한 주장과 정당화를 하기 위해서는 학생의 수학 경험과 현행 교육과정 상의 기대수준을 능가하는 아이디어나 기법을 필요로 할 수도 있다. 예를 들어, 교사는 종종 주장되는 모든 비는 분수라는 잘못된 주장을 반박할 수 있어야 한다. 동시에, 교사는 비를 표현하기 위해 분수표기법을 사용하여 분수와 비에 대한 개념적인 관계를 설명할 수 있어야 한다.

핵심 아이디어와 필수 이해

비, 비례, 비례추론에 대한 이해를 풍부하게 해 주는 많은 특정 아이디어에 대하여 생각하는 것은 부담스러운 과제일 수 있다. 그러한 수학적 아이디어 전부와 그 사이의 연결성을 설명하기 위해서는 여러 권의 책이 필요할 것이다. 저자들은 이 책에 어떤 아이디어를 포함시킬지 결정하기 위하여 핵심적인 질문을 생각했다. 효과적인 수업을 위해 6~8학년을 가르치는 수학 교사들이 비, 비례, 비례추론에 대해 *필수적으로* 알아야 하는 것은 무엇인가? 이 질문에 대답하기 위하여 저자들은 다양한 자료를 수집했는데, 여기에는 수학 학습 및 교수에 관한 연구, 수학 및 수학 교육 분야 동료들의 전문 지식, 검토위원 및 전문성 개발자의 검토, 교육과정 자료에서의 아이디어뿐만 아니라 개인적인 경험까지 포함된다.

그 결과, 이 책의 수학 내용은 비, 비례, 비례추론에 대해 교사들이 필수적으로 알아야 할 내용에 초점을 맞춘다. 특히 1장은 이러한 수학의 중요 영역과 관련된 핵심 아이디어를 중심으로 정리되어 있다. 각각의 핵심 아이디어는 이 책에서 *필수 이해*라 부르는 더 작고, 보다 구체적인 수학적 아이디어에 의해 뒷받침된다. 이 책은 핵심 아이디어와 관련된 열 가지의 서로 상관된 필수 이해에 초점을 맞추고 있다. 이 개념들은 교사가 비, 비례, 비례추론에 대해 무엇을 알아야 하는지 자세히 설명한다. 비와 비례는 실제 현상에 대해서 양적으로 생각하게 해 주기 때문에 이를 이해하는 것은 매우 가치 있고 유용하다.

교수, 학습, 평가를 위한 이점

비, 비례, 비례추론에 대해 이해하는 것은 교사가 「학교수학을 위한 원리와 규준」에 명시된 교수 원리를 실행하는 데 도움이 된다. 이 원리는 수업을 위한 상위 규준을 정한다.

> 수학을 효과적으로 가르치려면, 학생들이 무엇을 알고 있으며 어떤 것을 학습할 필요가 있는지에 대해 이해하여야 하며 학생들이 수학을 잘 학습할 수 있도록 격려하고 뒷받침해야 한다(NCTM, 2000, p. 16).

수학에서 다른 중요 주제를 가르치는 것과 같이, 비, 비례, 비례추론에 대해 가르치기 위해서는 "일반적인 예비 수학 과정에서 대부분의 교사들이 경험하는 것을 뛰어 넘는(p. 17)" 지식이 필요하다.

1장은 이러한 관점에서 비, 비례, 비례추론에 대한 개요를 제공한다. 이는 이 주제에 관해 교사가 지금껏 접해왔을 여러 가지 논의보다 더욱 집중적이고 포괄적이다. 이 장은 교사의 이해를 보완하고 강화하기 위한 목적으로 비, 비례, 비례추론과 관련된 핵심 아이디어와 필수 이해를 열거하고 설명하며 그에 대한 예를 제공한다. 따라서 1장의 목적은 교사가 학생들에게 비, 비례, 비례추론을 탄탄하게 학습하게 하기 위해 필요한 지지와 도전을 제공하면서 교수 원리를 충분히 실행할 수 있도록 준비시키는 것이다.

이러한 방식으로 교사의 이해를 통합하는 것은 「원리와 규준」에 드러난 학습 원리를 실행하도록 교사를 준비시키기도 한다.

> 학생들은 경험과 이전의 지식을 바탕으로 새로운 지식을 능동적으로 구성함으로써 수학을 이해하면서 학습해야 한다(NCTM, 2000, p. 20).

1장은 핵심 아이디어와 필수 이해가 학생들이 학교에서 통상적으로 접하는 수학과 연결되는 구체적인 방식을 보여줌으로써 비, 비례, 비례추론에 대해 다루었다. 2장은 학생들이 이러한 방식으로 주제를 학습하도록 이끌려는 교사의 노력을 돕기 위하여 1장에서 제시한 이해를 기반으로 한다. 이 장은 학생들이 비례성을 학습할 때 장기적인 연결을 강조함으로써 학습 원리를 뒷받침한다.

예를 들어, 학생들은 수학적 경험이 확장되면서 점점 비례성과 $y=ax$의 형태로 나타낸 방정식 사이의 관계에 대하여 이해하게 될 것이며, 동시에 비례성과 $y=ax+b$의 형태로 나타낸 방정식 사이의 관계에 대하여 이해하게 될 것이다.

1장과 2장에서 제시하는 이해는 교수의 또 다른 중요 영역을 강화시킬 수 있다. 3장에서 이러한 영역을 다루는데 1장과 2장을 기반으로 하여 학생이 가지고 있는 비, 비례, 비례추론에 대한 이해를 평가하기 위하여 적절한 과제, 기술, 도구를 선정하고 개발할 때, 비, 비례, 비례추론에 대한 이해가 어떻게 도움이 되는지 보여준다. 비례성에 관한 핵심 아이디어와 필수 이해는 그 아이디어를 가지고 있는 학생의 과거와 미래의 경험을 이해하면서 강화되고 교사로 하여금 교실에서 이루어지는 평가가 유의미한 수학 학습을 돕는다는 것을 확신하게 하는 데 도움이 될 수 있다.

그러한 평가는 「원리와 규준」에 제시된 평가 원리의 첫 번째 조건을 만족시킨다.

> 평가는 중요한 수학 학습을 뒷받침해야 하며 교사와 학생 모두에게 유용한 정보를 제공해야 한다(NCTM, 2000, p. 22).

또한 교사가 비, 비례, 비례추론을 이해함으로써 학생들이 생각하고 있는 것과 이해하는 것에 대한 구체적인 정보를 제공하는 평가 과제를 개발할 수 있고, 이는 평가 원리의 두 번째 조건을 만족시키는 데 도움이 될 수 있다. 예를 들어, 비교 문제와 변형 문제의 경우에 대해서 생각해보자. 비교 문제는 보통 학생들에게 두 개의 비를 보여주고, 첫 번째 비가 두 번째 비에 비해서 더 큰지, 더 작은지, 아니면 같은지를 알아내도록 하는 문제이다. 변형 문제는 하나의 비 또는 두 개의 동치인 비를 제시하고 학생들에게 하나 또는 그 이상의 양을 변화시켜 비의 관계를 바꾸게 하거나, 하나 또는 그 이상의 양에 주어진 변화가 어떻게 관계를 바꾸는지 알아내도록 하는 문제이다. 교사는 이 두 유형의 문제 혹은 다른 유형의 문제가 결합된 문제를 사용하여, 학생들이 만들어낸 다양한 전략과 양과 관계에 대해 추론하는 방식에 대한 통찰을 얻을 수 있다.

시작할 준비하기

서론은 1장에서 접하고 탐구하게 될 비례성과 관련된 핵심 아이디어와 필수 이해에 교사를 준비시키면서 그 배경을 제시하였다. 각 장을 순서대로 읽는 것이 이 책에 접근하는 매우 유용한 방식이 될 것이다. 1장은 생각하는 시간을 가지고 한 번 이상 읽어보기를 권한다. 비, 비례, 비례추론과 관련된 핵심 아이디어와 필수 이해를 받아들인 후 이러한 아이디어 사이의 연결을 알아볼 수 있다. 그런 다음 새롭게 이해한 것이나 견고하게 이해한 것을 바탕으로 2장으로 넘어가면, 비, 비례, 비례추론에 관한 아이디어가 학생들이 학교에서 이전에 직면했거나 이후에 직면하게 될 수학에 어떻게 연결되는지 이해하도록 안내할 것이다. 그 다음 3장에서 교수, 학습 그리고 평가에 관한 내용을 읽어볼 수 있다.

대안적으로 1장과 2장의 수학 아이디어를 읽기 전에 3장을 먼저 살펴볼 수도 있다. 교수, 학습 및 평가의 도전을 분명히 염두에 두고, 그것에 대한 가능한 접근 방법과 더불어, 1장과 2장의 자료에 대한 다른 관점을 제시할 수 있다.

이 책을 어떻게 읽던지 간에, 비, 비례, 비례추론에 대한 교사의 이해, 적용, 그리고 즐거움을 확장하는 데 도움이 되기를 바란다.

BACK TO SCHOOL
2x2=4
teacher

제1장

비, 비례, 비례추론 : 핵심 아이디어와 필수 이해

비와 비례에 대한 전형적인 단원이나 장은 비를 나타내는 여러 가지 표현방식에 대해 보여주고, 두 개의 동치인 비로 비례 개념을 도입한다. 그 다음 학생들은 비례 문제를 해결하는 데 필요한 기술로 대각선 곱하기 알고리즘[1]에 대해 배운다. 비와 비례에 대한 관습적 방법이 이 아이디어에 대해 깊게 이해하는 것에 도움이 되는가? 보니타라는 학생과의 면담을 통해 비례적으로 사고하는 것이 무엇을 의미하는지 생각해보자.

보니타는 8분에 6온스의 물이 떨어지는 수도꼭지에 관한 문제를 받았다. 그녀는 4분 안에 얼마만큼의 물이 떨어지는지 알아내야 한다. [그림 1.1]에서와 같이, 보니타는 3온스라는 정확한 답을 얻어내기 위해 비례식을 세우고 대각선 곱하기 알고리즘을 사용했다. [생각해보기 1.1]에 제시된 보니타의 문제풀이에 대하여 생각해보자.

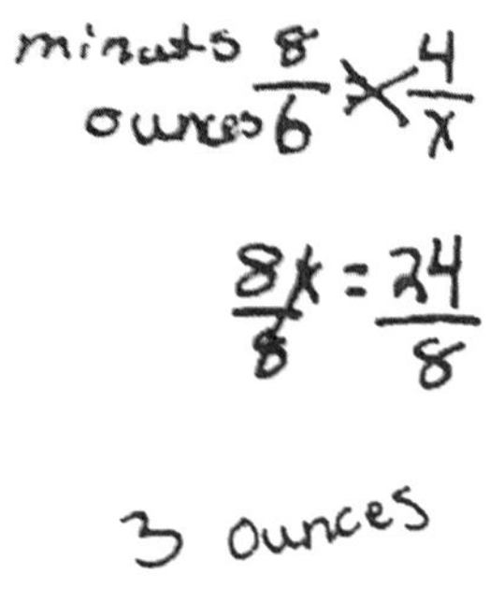

[그림 1.1] 비례 문제에 대한 보니타의 풀이 과정

---

1) [역자 주] $\frac{a}{b}=\frac{c}{d}$일 때, 대각선 방향으로 곱하여 $ad=bc$로 방정식을 세우는 것을 대각선 곱하기 알고리즘으로 번역하였다.

생각해보기 1.1

[그림 1.1]에 나타난 보니타의 풀이 과정이 그녀가 비례적으로 사고하고 있음을 보여주고 있다고 생각하는가? 만약 그렇다면, 왜 그렇게 생각하는가? 그렇지 않다면, 그녀가 무엇을 이해하지 못한 것이라고 생각하는가?

보니타는 문제를 잘 해결하였다. 그녀의 풀이 과정은 잘 정리되어있다. 보니타는 비례식에서 시간과 물의 양을 분류하였고, 대각선 곱하기 알고리즘 과정을 정확하게 적용시켰다. 그러나 추가로 주어진 세 가지 과제에 대한 보니타의 대답은 그녀가 비례추론에 관한 중요 개념들을 이해하지 못했을지도 모른다는 것을 시사한다.

두 번째 과제는 보니타에게 같은 수도꼭지에서 40분 동안 떨어지는 물이 몇 온스인지를 묻는다. 보니타가 그냥 절차상 대각선 곱하기 알고리즘을 사용한 것인지 아닌지 판단하기 위해서 면담자는 그녀에게 문제를 암산으로 풀거나 알고리즘을 적용하지 말고 종이나 펜을 사용하여 풀어보라고 하였다. 보니타는 이 문제를 암산으로 풀 수 없다고 답했고, 알고리즘을 사용하지 않으면 종이를 사용하고도 풀 수 없었다. 면담자가 문제에 주어진 시간을 40분에서 16분으로 바꾼 후에도, 보니타는 단순히 두 배만 하는 문제를 해결할 수 없었을 뿐만 아니라 두 배라는 적절한 접근 방식에 대해서 인식하지 못했다.

세 번째 과제에서는 보니타에게 세 개의 수를 주고 하나의 미지수를 찾는 전형적인 유형의 문제와 다른 문제를 해결해 보도록 하였다.

> 크리스탈은 첫 번째 수도꼭지 아래에 양동이를 놓았고, 20분 동안 6온스의 물을 받았다. 조앤은 두 번째 수도꼭지 아래에 양동이를 놓았고 10분 동안 3온스의 물을 받았다. 두 수도꼭지에서 떨어지는 물은 같은 속도로 떨어졌는가, 아니면 한쪽이 다른 한쪽보다 빨리 떨어졌는가?

보니타의 추론에 대해 지금까지 읽어본 바를 근거로 했을 때, 여러분은 보니타가 이 문제를 해결하는 방법을 생각해 낼 수 있을 것이라고 예상하는가? [생각해보기 1.2]를 통해 보니타의 생각을 추측해보자.

생각해보기 1.2

보니타가 세 번째 과제에 어떤 방식으로 접근했을 것이라고 생각하는가? 그녀가 그 문제에 대해 비례적으로 추론할 수 있을 것이라고 생각하는가? 왜 그렇게 생각하는가 또는 왜 그렇게 생각하지 않는가?

보니타는 두 가지 풀이방법을 제안했다. 첫 번째로, 그녀는 "시간이 더 걸렸기 때문"에 크리스탈의 수도꼭지가 조앤의 수도꼭지보다 물이 천천히 떨어지고 있다고 대답하였다. 이 대답은 보니타가 단지 시간의 양만을 비교했다는 것을 보여준다. 20분이라는 시간이 10분이라는 시간보다 길기 때문에, 보니타는 더 많은 시간이 걸리는 수도꼭지가 적은 시간이 걸리는 수도꼭지보다 천천히 떨어지고 있다고 판단한 것이다. 그리고 보니타는 생각을 바꾸어 크리스탈의 수도꼭지가 조앤의 수도꼭지보다 빠르게 물이 떨어지고 있다고 답했다. 왜냐하면 시간과 물, 두 가지 양 모두 크리스탈의 수도꼭지가 그에 대응하는 조앤의 수도꼭지보다 크기 때문이었다(즉, $20 > 10$, $6 > 3$).

보니타의 대답은 그녀가 물의 양과 시간 사이의 비를 세우지 못했음을 보여준다. 보니타의 첫 번째 대답에서 그녀는 하나의 양, 즉 경과 시간만을 고려하였다. 보니타는 두 번째 시도에서 관련되지 않은 두 개의 순서쌍에 대해 자연수 추론 방법을 적용시켰다. 보니타의 대답은 많은 중학생들이 두 가지 양의 값이 변하는 동안 무언가가 그대로 남아있을 수 있다는 개념을 받아들이는 데에 어려움이 있음을 보여준다.

네 번째와 마지막 과제에서는 보니타에게 [그림 1.2]의 자료를 보여주었다. 카산드라라는 소녀는 욕조 수도꼭지의 물이 얼마나 빠르게 흐르는지 구하기 위해 자료를 정리하였다. 카산드라는 용기에 모인 물의 양을 확인하기 위해 하루 동안 주기적으로 조사하였다. 면담자는 실제 자료의 근사치를 얻기 위해 일정하지 않은 시간 간격으로 그러나 쉽게 암산이 가능한 수로 표를 만들었다.

시간	물의 양
오전 7 : 00	2온스
오전 8 : 15	12온스
오전 9 : 45	24온스
오후 2 : 30	62온스
오후 5 : 15	84온스
오후 6 : 00	90온스
오후 9 : 30	118온스

[그림 1.2] 욕조 수도꼭지에서 얻은 자료

어려운 문제를 풀기 전에 보니타가 상황을 먼저 이해하도록 돕기 위해서, 면담자는 그녀에게 오전 7시와 오전 8시 15분 사이에 물이 얼마만큼 떨어졌는지 물어보았다. 이 문제가 (12－2＝10)이라는 단순한 뺄셈만을 요구하고 있음에도 불구하고, 보니타는 [그림 1.3]과 같이 비례식을 세워서 x에 관한 식을 풀어보려 했다. 이 과정은 보니타가 비를 설정해야 하는 적절한 상황이 언제인지 제대로 이해하지 못함을 명백하게 보여준다. 결국 보니타가 첫 번째 과제에서 정확한 비례 알고리즘을 적용시킬 수 있었더라도, 다음 세 가지 과제를 해결하는 과정은 보니타가 개념적 이해를 제대로 하지 못했음을 보여준다.

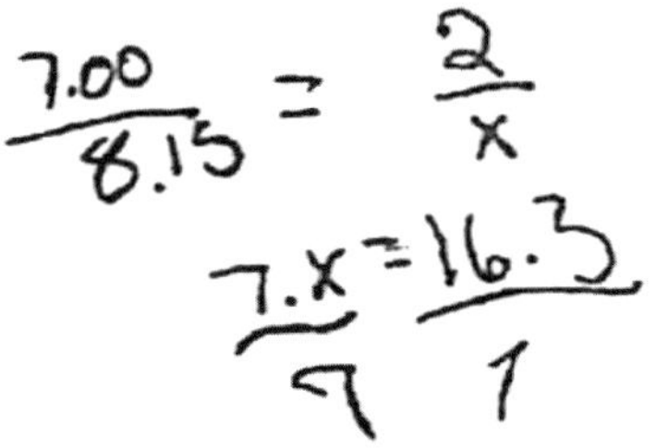

[그림 1.3] 욕조 문제에 대한 보니타의 풀이 과정

보니타가 문제 이면에 숨겨진 아이디어를 제대로 이해했다면, 그녀는 다음 두 가지 방법 중 적어도 하나를 사용하여 8분에 6온스의 물이 흐르는 수도꼭지에 대해서 추론할 수 있었을 것이다.

01 비례추론 방법 1

보니타는 8분에 6온스의 물이 떨어지는 수도꼭지에 대해 추론하기 위해 아래에 기술된 방법을 사용할 수 있을 것이다.

- 6온스와 8분을 *'8분에 6온스'*라는 하나의 단위로 합쳐서 비를 세운다.
- 수도꼭지에서 다음에도 8분에 6온스의 물이 더 떨어진다면, 시간과 물의 양이 같으므로 물이 떨어지는 속도는 증가하거나 감소하지 않는다는 것을 추론함으로써 이 단위를 반복한다. 즉, 16분에 12온스의 물이 떨어지는 수도꼭지와 8분에 6온스의 물이 떨어지는 수도꼭지는 서로 같은 속도로 물이 떨어지고 있는 것이다.
- 유사한 방식으로, "8분에 6온스"라는 단위를 반으로 나눈다. 4분에 3온스의 물이 떨어지는 수도꼭지와 8분의 6온스의 물이 떨어지는 수도꼭지는 같은 속도로 물이 떨어지고 있다.
- 더 도전적인 등분을 시도한다. 1분에 얼마만큼의 물이 떨어지는지 알기 위해서 6온스를 8등분하여 $\frac{1}{8}$, 즉 $\frac{6}{8}$, 혹은 $\frac{3}{4}$을 구하고 8분의 $\frac{1}{8}$, 즉 1분을 구한다. 따라서 1분에 $\frac{3}{4}$온스의 물이 떨어지는 수도꼭지와 8분에 6온스의 물이 떨어지는 수도꼭지에서는 같은 속도로 물이 떨어지고 있다.
- 반복하고 등분하는 행동을 하나로 합한다. 예를 들어,

32분에 24온스라는 결과를 얻기 위해 "8분에 6온스"라는 단위를 네 배 한다. 또 6온스의 $\frac{1}{3}$, 2온스와 8분의 $\frac{1}{3}$, $\frac{8}{3}$분 또는 $2\frac{2}{3}$분을 알아내어 "8분에 6온스"라는 단위를 3등분한다. "8분에 6온스"라는 단위의 $4\frac{1}{3}$배인 $34\frac{2}{3}$분에 26온스라는 결과를 얻기 위하여 이 두 가지 결과를 합한다.

이러한 방식으로, 구성한 여러 종류의 비들, 즉 8분에 6온스, 16분에 12온스, 4분에 3온스, 1분에 $\frac{3}{4}$온스, $34\frac{2}{3}$분에 26온스 등은 모두 동일한 속도를 나타낸다.

02 비례추론 방법 2

다른 방법으로 보니타는 8분에 6온스의 물이 떨어지는 수도꼭지에 대해 알아내기 위해서 아래에 기술된 방법을 사용할 수 있을 것이다.

- 8이 6의 몇 배인지 구하여 6과 8이라는 수의 값, 즉 '8분에 6온스'에서 나온 값을 비교한다. 8은 6의 $1\frac{1}{3}$배이다.
- 일정 양의 물이 떨어지는 데 걸리는 시간을 결정하기 위해서, 물의 양의 값을 $1\frac{1}{3}$배 한다. 예를 들어, 3온스의 물에 대해 $3\times1\frac{1}{3}$, 즉 4분의 시간이 걸린다. 12온스의 물에 대해 $12\times1\frac{1}{3}$, 즉 16분의 시간이 걸린다.
- $1\frac{1}{3}$이라는 수를 유지하면서 비를 세운다. 즉, 물의 양

은 항상 시간의 $1\frac{1}{3}$배이다.

- 또한 6이 8의 몇 분의 몇인지 알아내어 6과 8의 값을 비교한다. 6은 8의 $\frac{6}{8}$ 또는 $\frac{3}{4}$이다.
- 일정 시간에 얼마만큼의 물이 떨어지는지 결정하기 위해서, 시간의 양의 값을 $\frac{3}{4}$배한다. 예를 들어, 16분 동안 $16\times\frac{3}{4}$온스, 또는 12온스의 물이 떨어진다. 4분 동안에는 $4\times\frac{3}{4}$, 즉 3온스의 물이 떨어진다.

03 하나의 핵심 아이디어와 여러 가지 필수 이해

보니타가 8분에 6온스의 물이 떨어지는 수도꼭지에 대해서 비례적으로 추론하기 위해 사용했을 수도 있는 두 가지 방법은 비, 비례, 비례추론과 관련 핵심 아이디어이다. 두 개의 양이 비례적으로 관련되어있을 때, 두 값이 서로 같은 요인에 의해 변하기 때문에 하나의 양에 대한 다른 하나의 양의 비는 변하지 않는다.

Big idea

두 가지 양이 비례적으로 관련되어 있을 때, 두 가지 양의 값이 같은 요인에 의해 변하기 때문에 하나의 양에 대한 다른 양의 비가 일정하다.

물이 떨어지는 수도꼭지 상황에서 물과 시간의 양의 값은 변한다. 그러나 무한히 많은 양의 물과 시간 값의 순서쌍도 떨어지는 비율이 같음을 나타내고 있다. (예를 들어, 8분에 6온스, 12분에 9온스, 4분에 3온스, 1분에 $\frac{3}{4}$온스의 속도) 물과 시간에 대한 모든 순서쌍들은 다른 한 쌍을 반복하거나 나눈 결과에 의해 얻어질 수 있다. 예를 들어, 12분에 9온스는 8분에 6온스라는 쌍의 $1\frac{1}{2}$이고, 또한 4분에 3온스라는 쌍의 3배이다. 뿐만 아니라, 각 순서쌍에서 물에 대한 시간의 비율은 일정하다. 시간의 값이 물의 양의 값의 $1\frac{1}{3}$배이다. 시간에 대한 물의 비율 또한 일정하다. 즉, 물의 양의 값은 시간의 값의 $\frac{3}{4}$배이다.

비례성에 관한 핵심 아이디어가 처음엔 쉬워보였을지 몰라도 이것에 대해 제대로 이해하는 것은 학생들에게 어려운 과정이다. 비례성을 이해하기 위해서는 많은 필수 이해를 알아야 한다.

필수 이해 1. 비를 이용한 추론은 두 가지 양을 관련지어 생각해야 한다.

필수 이해 2. 비는 두 양을 곱셈으로 비교하거나, 두 개의 양을 하나의 합성단위로 합친 것이다.

필수 이해 3. 실세계 속성의 측정값으로 비를 세우기 위해서는 그 속성을 다른 속성들로부터 분리하고 각각의 양이 변할 때 그 속성에 어떠한 영향을 주는지 이해해야 한다.

필수 이해 4. 비와 분수 사이에는 몇 가지 수학적 관련성이 있다.

- 비와 분수가 같은 뜻이 아님에도 불구하고 비는 종종 분수 형태로 표현된다.
- 비는 보통 "부분-부분" 간을 비교할 때 사용되지만 분수는 그렇지 않다.
- 비와 분수는 서로 부분적으로 중첩되는 것으로 생각될 수 있다.
- 비는 종종 의미상 분수로 재해석될 수 있다.

필수 이해 5. 비는 몫으로 의미 있게 재해석될 수 있다.

필수 이해 6. 비례는 두 비 사이의 동치관계이다. 비례한다는 것은 두 양의 값이 변화해도 그 두 양이 이루는 비는 일정하다는 뜻이다.

필수 이해 7. 비례추론은 복합적이고, 다음과 같은 이해 과정을 포함한다.

- 합성단위를 반복하거나 분할하여 동치인 비를 만들 수 있다.
- 비례관계를 유지하려면 비에서 한 양을 특정수로 곱하거나 나눈 만큼 다른 양도 그 수로 곱하거나 나누어야 한다.
- 두 가지 유형의 비, 즉 합성단위로서의 비와 곱셈비교로서의 비는 서로 관련되어 있다.

필수 이해 8. 비율은 무한개의 동치인 비의 집합이다.

필수 이해 9. 의미 이해에 기초한 추론 방식은 비례 문제 해결을 위한 알고리즘으로 일반화될 수 있다.

필수 이해 10. 문제에 제시된 피상적 단서는 양 사이의 비례 관계에 대한 충분한 증거를 제공하지 않는다.

이 장의 목적은 보니타의 문제 풀이에 대한 토론에 내재된 이 필수 이해들을 더 발전시키고 정교화 하는 것이다. 토론에서 비부터 비례(같은 비들의 쌍) 그리고 마침내 비례추론(동치인 비의 전체 집합을 만드는 것)까지 살펴볼 수 있었다. [그림 1.4]에 나와 있는 표는 아이디어의 흐름을 보여준다. 각 필수 이해가 각각 다른 질문에 대한 답이 되는 것을 확인하여라. 그러나 이 표는 학생들이 자신의 아이디어를 어떻게 발전시키는지에 대한 순서를 보여주기 위한 것은 아니다.

비는 비례와 비례추론에 대한 개념을 형성하는 데에 기초가 되기 때문에 필수 이해의 첫 부분은 비에 관한 것이다. 첫 번째 필수 이해는 비를 이용한 추론이 비를 이용하지 않은 추론과 어떻게 다른지 보여준다.

필수 이해	질문	주제
1	비를 이용한 추론이 다른 유형의 추론과 어떻게 다른가?	비
2	비란 무엇인가?	
3	실제 상황에서 어떤 속성의 단위로서의 비는 무엇인가?	
4	비와 분수는 어떻게 관련되어 있는가?	
5	비는 나눗셈과 어떻게 관련되어 있는가?	
6	비례란 무엇인가?	비례
7	비례추론의 핵심적 측면은 무엇인가?	비례추론
8	비율은 무엇이고 비례추론과 어떻게 관련되어 있는가?	
9	대각선 곱하기 알고리즘과 비례추론 사이의 관계는 무엇인가?	
10	비례적으로 추론하기 적절한 상황은 언제인가?	

[그림 1.4] 1장에서 개발한 필수 이해 체계

필수 이해 1

비를 이용한 추론은 두 가지 양을 관련지어 생각해야 한다.

비를 이용한 추론의 하나로 두 가지 양을 관련지어 생각해 보는 것은 수학적 지식이 있는 성인들에게는 너무 당연한 것이기 때문에 학생의 추론에서 이 과정이 빠진 것을 확인하기 전까지 이것의 중요성을 인식하지 못한다. 학생들이 비를 이용하여 추론할 수 있게 되기 전에, 그들은 보통 하나의 양으로만 추론하려 한다. 이러한 유형의 추론 방식을 *일변량 추론*[2])이라 부른다. Harel과 그의 동료들이(1994년) 이 유형의 예시를 제시하였다. 6학년 학생들에게 오렌지 주스 병이 있는 사진을 보여주고 주스가 오렌지 농축액과 물로 만들어진 것이라고 알려주었다. 사진에서 오렌지 주스 병 옆에는 하나의 큰 컵과 하나의 작은 컵이 있고, 두 컵 모두 병에서 따른 오렌지 주스로 채워져 있다. 6학년 학생에게 두 컵의 오렌지 주스가 같은 농도인지, 아니면 어느 한쪽의 오렌지 주스가 다른 쪽의 오렌지 주스보다 더 농도가 진한지 물어보았다.

결과는 놀라웠다. 학급 학생의 절반이 두 컵의 오렌지 주스의 농도가 같지 않을 것이라고 틀린 대답을 하였다. 틀린 대답을 한 학생들의 절반은 큰 컵에 담긴 오렌지 주스의 농도가 더 진할 것이라고 대답하였고, 나머지 절반은 작은 컵에 담긴 오렌지 주스의 농도가 더 진할 것이라고 대답하였다. 학생들의 설명은 그들이 하나의 양, 즉 오렌지 농축액 또는 물에만 초점을 맞췄거나, 두 가지 양 모두를 생각하였더라도 그 두 가지 양을 연관시키지 못하였다는 것을 의미한다. 예를 들어, 한 학생은 "컵이 더 커서 더 많은 오렌지가 포함되어 있을 것이기 때문에" 큰 컵에 담긴 오렌지 주스의 농도가 더 진하다고 설명하였다.(p.333) 작은 컵에 담긴 오렌지 주스의 농도가 더 진하다고 대답한 학생들은 작은 컵에 더 적은 양의 물이 들어갈

2) [역자 주] univariate reasoning을 일변량 추론이라 번역하였다.

것이기 때문에 작은 컵에 담긴 오렌지 주스의 농도가 더 진할 것이라고 설명하였다.

두 개의 양에 대한 관계가 학생들의 지적 성취에 어떠한 역할을 하는지 보여주는 다음의 예시를 살펴보면 두 개의 양을 관련지어서 생각하는 것의 중요성을 더 분명하게 알 수 있다. Lobato와 Thanheiser의 연구(2002)에서 학급의 학생들은 SimCalc Mathworlds 소프트웨어가 있는 컴퓨터 화면에서 두 캐릭터 피에로와 개구리가 같은 속도로 걷도록 설정된 화면을 보았다. 피에로는 4초에 10cm를 걷도록 설정되어 있었다. 학생들은 개구리가 피에로와 같은 속도로 걸을 수 있도록 개구리의 거리와 시간 값을 입력해야 했다.([그림 1.5] 참조) 학생들이 값을 입력하면 시뮬레이션 소프트웨어는 개구리와 피에로가 걷는 것을 동시에 보여주는데, 이를 통해 학생들은 자신이 입력한 값이 맞는지 확인할 수 있다. 이 활동은 학생들에게는 하나의 도전이었다. 많은 학생들이 추측한 후 확인하는 방식을 사용했다. 예를 들어, 한 학생은 8초에 15cm의 속도를 시험해 본 후 6초에 15cm라는 속도에 도달할 때까지 계속 시간을 변화시켜 나갔다. 다른 학생들은 수의 패턴을 사용하였다. 예를 들어, 10과 4를 두 배 하여 8초에 20cm라는 결과를 얻는 것이다.

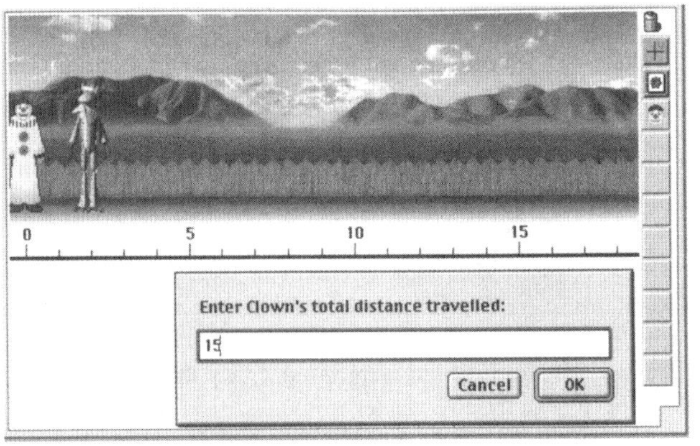

[그림 1.5] Roschelle과 Kaput(1996)의 SimCalc Mathworlds 화면

교사가 학생들에게 왜 8초에 20cm 걷는 것과 4초에 10cm

걷는 것이 같은 속도인지 물었을 때, 테리라는 학생이 하나의 그림을 보여주었는데 이것은 그가 비를 세우지 못했음을 보여준다. [그림 1.6]은 그의 그림을 재해석한 것이다. 테리는 개구리가 걸은 거리가 피에로가 걸은 거리의 두 배라는 사실을 무시한 채 두 캐릭터가 걸은 거리를 선으로 표현하였다. 그 후 테리는 “개구리가 20만큼 걷기를 원한다면 10을 두 배 해서 20을 만들면 됩니다. 10을 두 배 했기 때문에 4도 두 배 하면 8이 됩니다.”라고 말하였다. 테리는 왜 시간과 거리가 두 배 되어야 하는지, 또는 그의 그림에서 두 배라는 것이 어떻게 표현되었는지에 관하여 설명하지 못했다.

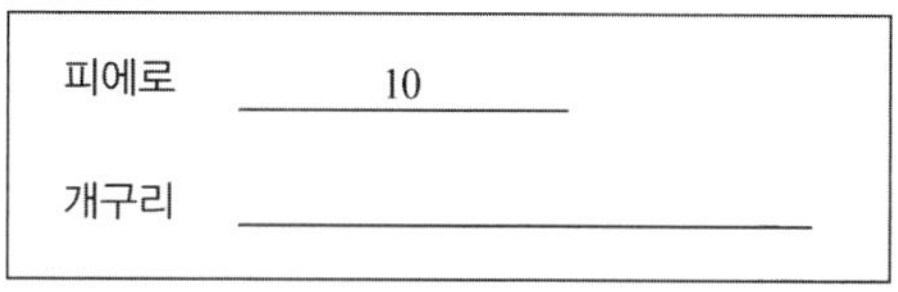

[그림 1.6] 테리 그림의 재해석

그 다음 발표한 학생은 짐이었다. 짐은 테리의 설명과 거의 비슷한 제한된 설명을 하였다. 이 토론은 브래드라는 학생이 새로운 생각을 이야기하기 전까지 거의 같은 이야기가 반복되었다. 브래드는 두 배 하는 과정을 다음과 같이 설명하였다.

> 왜냐하면 피에로도 결국 같은 거리만큼 걷기 때문이에요. 그냥 그가 주어진 거리를 두 번 걷는 것과 같아요. 그가 리, 리, 리, 리, 리, 리 [브래드는 손으로 테리가 그린 10cm 선을 따라가며 시간을 분명히 표현하기 위해서 “리”소리를 내었다.], 여기까지 한 번 걸을 때, [브래드는 10cm 지점에서 수직으로 표시를 하였다.] 4초. 좋아요. 이제 그는 한 번 더 걸을 거예요. 다음 4초 동안에요, 리, 리, 리, 리, 리, 리. 또 다시 4초 동안 10cm를 걸은 겁니다. 이제 다 걸었어요 (Lobato와 Thanheiser 2002, p.173).

브래드의 설명은 테리와 짐의 설명에서 부족했던 세 가지 요소를 모두 포함하고 있다. 첫째, 브래드는 시간을 표현하는 소리와 거리를 표현하는 손짓을 사용함으로써 시간과 거리를 관련지었다. 둘째, 브래드는 그가 반복할 수 있는 "4초에 10cm"라는 묶음을 만듦으로써 시간과 거리를 관련지었다. 이와 반대로, 테리는 20cm라는 하나의 양만을 고려했다. 그리고는 관련된 또 다른 양인 8초라는 양을 만들어냈다. 마지막으로 브래드는 4초에 10cm를 걸은 후에 개구리의 행동에 대해서 개구리가 또 다시 4초에 10cm를 걷는다고 설명하였다. 4초에 10cm라는 행동을 반복함으로써 개구리는 더 빨라지거나 느려지지 않고 전체 여정뿐 아니라 각 여정에서도 같은 속도로 걸을 것이다. 이와 반대로, 테리의 설명은 개구리가 얼마나 걸었는지에 대해서 설명하지 않았고 피에로가 언제 멈췄는지도 설명하지 않았다.

학생들의 추론에서 필요한 것은 두 개의 양을 연관 짓는 것인데, 이것만으로는 비를 충분히 이해하지는 못한다. 예를 들어, 비에 대한 추론과는 다른 방식으로 두 개의 양을 연관 짓는 것, 즉 *덧셈추론*[3])이 가능하다. 다음 상황을 생각해보자.

> 조나단은 4초에 5피트를 걷는다. 라파엘이 조나단과 같은 속도로 걸을 때, 그가 15피트를 걷는 데 몇 초가 걸리는가?

7학년 학생인 미리암은 라파엘이 14초의 시간이 걸린다고 대답하였다. 그녀는 15피트가 5피트보다 10만큼 길기 때문에, 4초에다가 10초를 더해서 14초라는 답을 얻어야 한다고 추론하였다. 미리암은 시간과 거리 두 가지 모두에 대해 설명했지만 그녀가 "얼마나 더" 혹은 "얼마나 적게"와 관련된 질문에만 집중하였기 때문에 그녀의 추론은 그냥 덧셈과 관련되었다. 미리암의 설명은 비를 세운다는 것이 무엇인지에 대해 질문하게 한다.

---

3) [역자 주] additive reasoning은 덧셈추론이라 번역하였다.

필수 이해 2

비는 두 양을 곱셈으로 비교하거나, 두 개의 양을 하나의 합성단위로 합친 것이다.

비를 세우는 두 가지 방법이 있는데, 두 방법 모두 두 양을 관련짓는 과정을 포함한다. 한 가지 방법은 두 양을 곱셈으로 비교하는 방법이다. 두 번째 방법은 두 양의 곱셈 관계를 변화시키지 않으면서 두 양을 합치는 것이다.

1) 곱셈비교로서의 비

비를 세우는 하나의 방법은 *두 양을 곱셈으로 비교하는 것*이다. 예를 들어, [그림 1.7]의 두 지렁이의 길이를 비교해보자. 지렁이 A는 6인치이고, 지렁이 B는 4인치이다. 두 지렁이의 길이는 두 가지 방식, 즉 덧셈 또는 곱셈으로 비교될 수 있다. *덧셈비교*는 다음과 같은 질문을 던진다.

- 지렁이 A가 지렁이 B보다 얼마나 더 긴가?
  (지렁이 A는 지렁이 B보다 2인치 더 길다)
- 지렁이 B가 지렁이 A보다 얼마나 더 짧은가?
  (지렁이 B는 지렁이 A보다 2인치 더 짧다)

반대로, *곱셈비교*는 다음과 같은 질문에 답하도록 한다.

- 지렁이 A가 지렁이 B보다 몇 배 더 긴가?
  (지렁이 A는 지렁이 B의 길이의 $1\frac{1}{2}$배이다)
- 지렁이 B의 길이는 지렁이 A의 길이의 몇 분의 몇인가?
  (지렁이 B는 지렁이 A의 길이의 $\frac{2}{3}$이다)

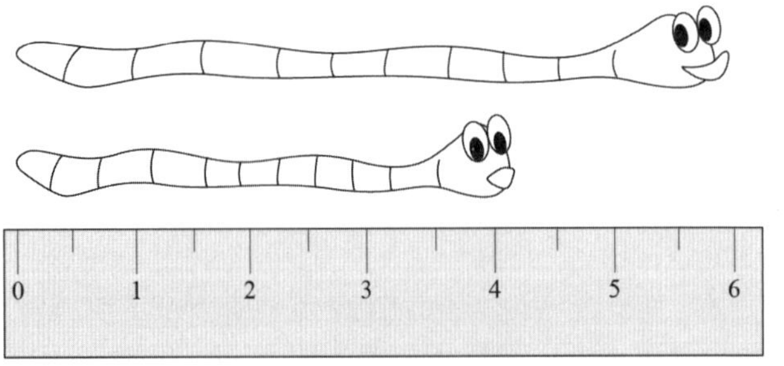

[그림 1.7] 두 지렁이의 길이 비교하기

곱셈비교는 비이고, 덧셈비교는 비가 아니다. 일반적으로 곱셈비교를 할 때는 "하나가 다른 무엇보다 몇 배 더 큰가?" 또는 "하나가 다른 것의 몇 분의 몇인가?"와 같은 질문을 포함한다.

수학은 비를 나타내기 위해 여러 가지 관습적인 표기법을 사용한다. 지렁이 A의 길이에 대한 지렁이 B의 길이의 비를 쓸 때 $1\frac{1}{2}:1$, $1\frac{1}{2}$ 대 1, 또는 그냥 단순하게 $1\frac{1}{2}$라고 쓸 수 있다. 동일한 비인 3 : 2, 3 대 2, $\frac{3}{2}$, 또는 6 : 4, 6 대 4, $\frac{6}{4}$라고 표현할 수 있다. 지렁이 B의 길이에 대한 지렁이 A의 길이의 비를 쓸 때, 2 : 3, 2 대 3, $\frac{2}{3}$, 또는 4 : 6, 4 대 6, $\frac{4}{6}$, 아니면 $1 : 1\frac{1}{2}$, 1 대 $1\frac{1}{2}$라고 표현할 수 있다.

2) 합성단위로서의 비

비를 세우는 다른 방법은 두 양을 하나의 새로운 단위로 *합성하는 것*이다. 하나의 *합성단위*[4]를 형성한다는 것은 학생이 그 단위를 반복하거나 같은 크기의 부분으로 나누는 과정에서 나타난다. 피에로와 개구리에 관한 예에서 브래드가 "4초에 10cm"라는 단위를 반복하는 것은 그가 하나의 합성단위를 만들었다는 것을 보여준다.

사실, 브래드의 발견은 약간의 혼란을 불러왔는데, 다른 학

4) [역자 주] composed unit을 합성단위로 번역하였다.

생들은 10 : 4라는 단위를 새로운 "같은 속도"라는 값을 만드는 데에 사용했기 때문이다. 예를 들어, 데니스는 10 : 4라는 단위를 3번 반복하여 12초에 30cm 걷는 것이 4초에 12cm 걷는 것과 같은 속도라는 결론을 내렸다. 테리는 10 : 4라는 단위를 4등분하여 2.5 : 1이라는 새로운 단위(그림 1.8의 색칠된 부분)를 만들고, 이를 4배하여 4초에 10cm를 다시 만들어냈다. 그는 "그가 10과 4의 사분의 일을 걷는 것과 같을 거예요. 각각의 사분의 일인 거죠", 즉 10cm의 $\frac{1}{4}$와 4초의 $\frac{1}{4}$를 의미하는 말로 1초에 2.5cm 걷는 것과 4초에 10cm 걷는 것이 같은 속도라는 것을 설명하였다.

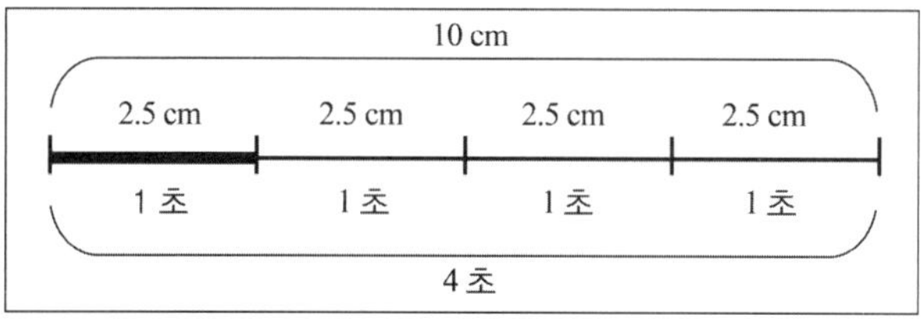

[그림 1.8] 1초에 2.5cm 걷는 것이 4초에 10cm 걷는 것과 같은 속도라는 것을 보여주는 그림(Lobato and Thanheiser 2002, p.174)

합성단위로서의 비를 세운다고 해서 그 자체로 학생이 비, 비례, 비례추론의 핵심 아이디어에 필요한 비례에 대해 깊은 이해했다는 것을 의미하지는 않는다. 하나의 합성단위를 만드는 것은 비례추론에 관한 핵심 아이디어를 이해하기 위한 다른 필수 이해들(특히 필수 이해 7)과 함께 사용될 수 있는 가장 기본적이고 기초가 되는 개념이다.

곱셈으로 비교하는 것과 합성단위로 비를 세우는 두 가지 방식이 문제해결에 어떻게 도움이 되는가? [생각해보기 1.3]을 보고 필수 이해 2에서 비에 대한 두 가지 개념의 유용성을 생각해보자.

필수 이해 7

비례추론은 복합적이고, 다음과 같은 이해 과정을 포함한다.

- 합성단위를 반복하거나 분할하여 동치인 비를 만들 수 있다.
- 비례관계를 유지하려면 비에서 한 양을 특정 수로 곱하거나 나눈 만큼, 다른 양도 그 수로 곱하거나 나누어야 한다.
- 두 가지 유형의 비 즉, 합성단위와 곱셈비교는 서로 관련되어 있다.

생각해보기 1.3

여러분이 파란색 페인트 2통과 노란색 페인트 7통을 섞어서 초록색 페인트를 만들었다고 하자. 동일한 색상의 초록색을 만들기 위해 파란색 페인트와 노란색 페인트 통은 각각 몇 통씩 사용해야 하는가? 두 가지 다른 방법, 즉 먼저 곱셈비교를 이용하고 다음에는 합성단위를 이용하여 문제를 해결하여라.

곱셈비교로 문제를 해결하기 위해서 [그림 1.9]와 같은 그림을 활용할 수 있다.

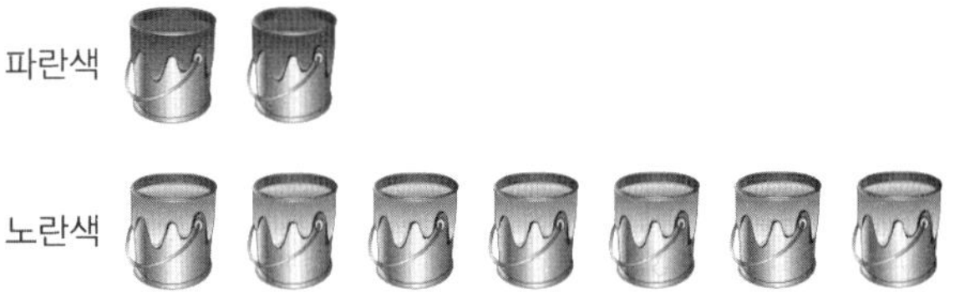

[그림 1.9] 파란색 페인트 2통과 노란색 페인트 7통

먼저, 원래 초록색 페인트에 대한 노란색 페인트의 양이 파란색 페인트의 양의 몇 배인지 결정하여라. 한 가지 방법은 2개의 파란색 페인트 통을 하나의 묶음으로 만드는 것이다. 그리고 7개로 만들 수 있는 2개 묶음의 개수를 알아내어라. 노란색 페인트의 양과 같아지기 위해서는 파란색 페인트 2통 묶음의 $3\frac{1}{2}$개가 필요하다.(그림 1.10) 따라서 노란색 페인트에 대한 파란색 페인트의 비는 $3\frac{1}{2}$ 혹은 3.5이다.

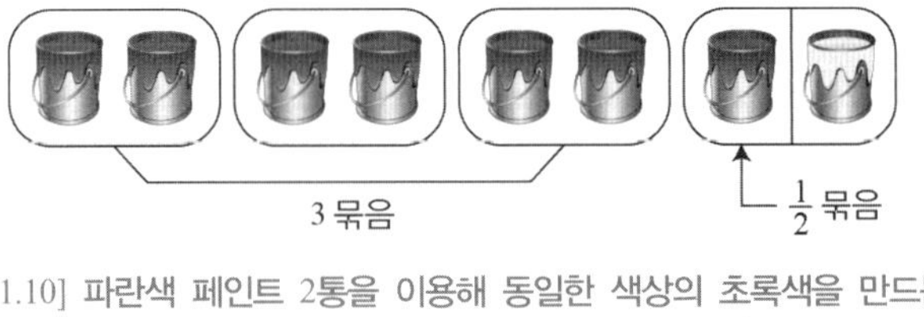

[그림 1.10] 파란색 페인트 2통을 이용해 동일한 색상의 초록색을 만드는 데 필요한 노란색 페인트의 양은 2통의 3묶음과 $\frac{1}{2}$ 묶음

여러분은 이 비를 이용하여 동일한 색상의 초록색을 만드는 파란색 페인트와 노란색 페인트의 다른 조합을 찾아낼 수 있다. 예를 들어, 여러분이 5통의 파란색 페인트를 사용한다면 이 양의 $3\frac{1}{2}$배 양의 노란색 페인트를 사용하면 된다. [그림 1.11]에서 나타난 것과 같이, 5통의 $3\frac{1}{2}$배는 $17\frac{1}{2}$개의 통과 같다. 따라서 동일한 색상의 초록색 페인트를 만들기 위한 방법 중 하나는 5통의 파란색 페인트와 $17\frac{1}{2}$통의 노란색 페인트를 사용하는 것이다.

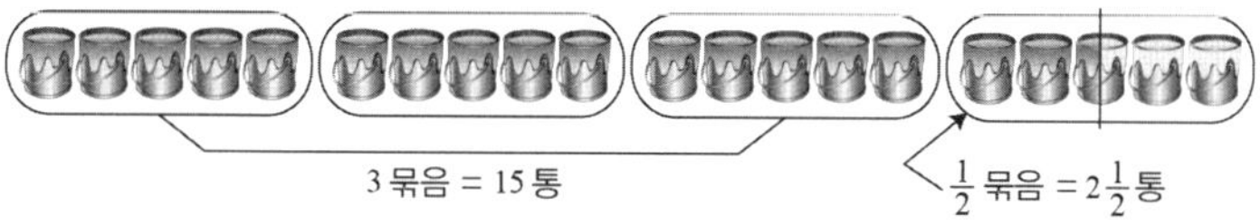

[그림 1.11] 통 5개짜리 $3\frac{1}{2}$ 묶음의 총 페인트 통의 수

또 합성단위를 사용하여 문제를 해결할 수 있다. 먼저 2통의 파란색 페인트와 7통의 노란색 페인트를 합쳐서 2 : 7이라는 단위 또는 묶음을 만들어라.(그림 1.12)

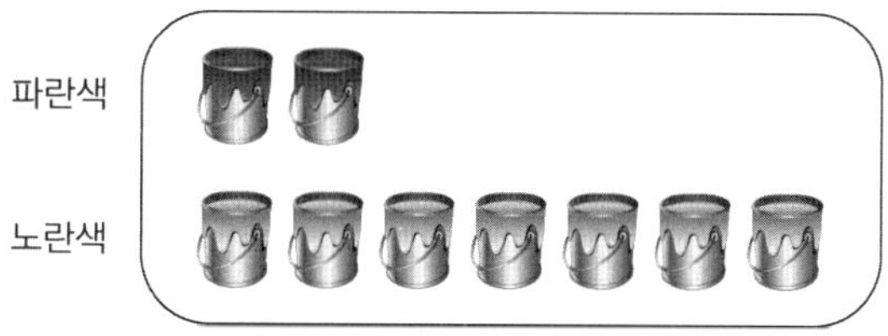

[그림 1.12] 파란색 페인트 2통과 노란색 페인트 7통의 합성단위

그 다음 2 : 7묶음을 반복하거나 나누어서 5통의 파란색 페인트에 필요한 노란색 페인트 통의 개수를 구하여라. 2 : 7묶음을 반복하면 4통의 파란색 페인트와 14통의 노란색 페인트를 얻을 수 있다. 파란색 한 통이 더 필요하기 때문에, [그림 1.13]에 나와 있는 것과 같이 2 : 7묶음을 두 개의 같은 부분으

로 나누어서 1통의 파란색 페인트와 $3\frac{1}{2}$통의 노란색 페인트를 얻는다. 모두 합쳐서 페인트 $2\frac{1}{2}$묶음에는 5통의 파란색 페인트와 $17\frac{1}{2}$통의 노란색 페인트가 필요하다.

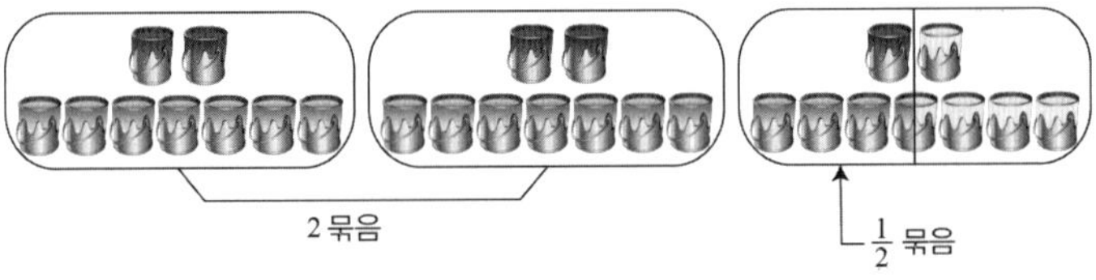

[그림 1.13] 5통의 파란색 페인트로 만들어진 초록색 페인트 2와 $\frac{1}{2}$ 묶음

필수 이해 2에서 알 수 있는 곱셈비교 또는 합성단위 방식으로 나타낸 비에 대한 내용은 몇 개의 교과서에 있는 비의 정의와 다를지도 모른다. 예를 들어, 비는 일반적으로 두 양의 비교라고 정의되어 있다. 이러한 정의는 이 비교가 덧셈비교인지 곱셈비교인지 분명하지 않기 때문에 불완전하다.

또한 비는 나눗셈을 이용한 두 수의 비교라고 정의되기도 하며, 종종 분수 형태로 표현되어진다. 이러한 정의는 학생들이 $\frac{a}{b}$ 혹은 $a \div b$와 같은 표현을 사용하도록 한다. 그러나 이 정의는 몇 가지 결점을 가지고 있다. 첫째, 나눗셈이나 분수를 만들지 않고 비를 세우는 것이 가능하다. 둘째, 단순히 $\frac{a}{b}$ 혹은 $a \div b$라고 적는 것만으로는 학생이 실제로 a와 b 사이의 비를 세웠는지 확인할 수 없다.

예를 들어, [그림 1.14]에 나온 오렌지 농축액과 물을 섞어서 오렌지 주스를 만드는 것에 관한 중학교 문제를 보자. 그림에 있는 각 검은색 직사각형은 한 통의 농축액을 의미하고, 각각의 흰색 직사각형은 같은 양만큼의 물을 의미한다. 학생은 오렌지 주스에서 농축액 대 물의 비를 구해야 한다.

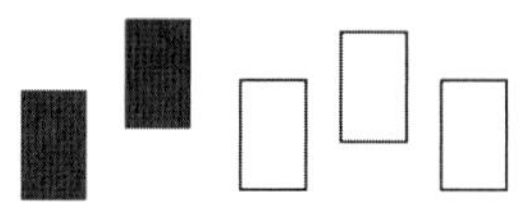

[그림 1.14] 중학교의 전형적인 비 문제

학생이 “$\frac{2}{3}$”라고 정확하게 썼거나 약 0.667의 값을 얻기 위해 계산기에 “2 ÷ 3”이라고 입력하였다고 하자. 이것이 그 학생이 비에 대한 상황을 정확히 이해했다는 것을 의미하지는 않는다. 이는 단순히 자연수에 대한 계산을 이용한 것일 수 있다. 학생은 $\frac{2}{3}$에 대한 정확한 이해 없이 그냥 오렌지 농축액 통의 개수를 세고, 물통의 개수를 세고, 2를 3 “위”에 썼을지도 모른다. 사실, 많은 7학년 학생들은 이 상황에서 $\frac{2}{3}$라고 정확히 적을 수 있지만 다음 문제에 대한 대답에서 볼 수 있는 것처럼, 이것이 비에 관해 추론할 수 있는 능력을 가졌음을 의미하지는 않는다.

> 오렌지 농축액 4통과 물 6통으로 만들어진 오렌지 주스가
> 오렌지 농축액 2통과 물 3통으로 만들어진 오렌지 주스의
> 농도와 같은가, 더 진한가, 아니면 덜 진한가?

비에 대한 충분한 이해가 부족한 학생들이 보여주는 전형적인 대답으로는 “두 번째 오렌지 주스를 만들 때 두 가지 수 모두 더 크므로 두 번째 오렌지 주스의 농도가 더 진하다”와 “두 번째 오렌지 주스를 만들 때 더 많은 오렌지 농축액을 사용하므로 두 번째 오렌지 주스의 농도가 더 진하다” 등이 있다. “$\frac{2}{3}$”라고 적음으로써 학생들은 그들이 비에 대해서 이해한 것보다 더 완벽하게 이해했다고 착각할 수 있다. 기억하라. *비*

를 세우는 것은 인지 과제이지 쓰기 과제가 아니다. 그리고 마지막으로 비를 나눗셈으로 정의하는 것이 수 계산에 중점을 두는 일이라는 것을 주의하라. 필수 이해 3은 수와 관련이 없지만 실제 상황에서 비를 세우는 것과 관련된 중요한 수학 개념에 대해 다룬다.

필수 이해 3

실세계 속성의 측정값으로 비를 세우기 위해서는 그 속성을 다른 속성들로부터 분리하고 각각의 양이 변할 때 그 속성에 어떠한 영향을 주는지 이해해야 한다.

지금까지 소개된 비에 대한 많은 예시에서, 비는 실제 상황에서 몇 가지 특정한 속성을 측정한다. 예를 들어, 물에 대한 오렌지 농축액의 비는 주스에서 오렌지 맛이 나는 정도이다. 바닥의 길이에 대한 휠체어 경사로의 높이의 비는 경사로의 경사도이다. Simon과 Blume(1994)는 몇 가지 경우에 대하여 비와 단위를 "단위로서의 비"[5]라는 하나의 개념으로 묶었다. "단위로서의 비"를 세우는 것은 두 가지의 비수치적인 과정을 포함한다. 즉, 속성을 분리해야 하고 하나의 값이 변할 때 이것이 비에 의해 측정된 속성에 어떠한 영향을 주는지 이해해야 한다. 이어지는 논의에서 이에 대해 차례로 살펴본다.

1) 속성 분리하기

어떤 속성의 단위로써 비를 사용하기 전에 그 속성을 다른 측정 가능한 속성들과 구분해야 한다. 학생들에게 이 과정이 얼마나 어려울 수 있는지 아는 것은 이 필수 이해의 중요성을 이해하는 데에 도움이 될 수 있다.

한 연구에서 17명의 고등학생에게 휠체어 경사로의 경사도를 측정하는 방법을 생각하도록 하였다(Lobato, 2008). 학생들은 최

5) [역자 주] ratio-as-measure를 단위로서의 비로 번역하였다.

근에 경사도에 대한 수업을 받았음에도 불구하고, 그들은 바로 경사로의 바닥과 높이의 길이를 재서 비를 세우지 못했다. 절반 이상의 학생들이 경사도라는 속성을 경사로를 올라가는 데 드는 힘 등의 다른 속성과 구분하는 것을 힘들어했다. 많은 학생들은 경사도를 측정할 때 경사로의 빗변의 길이가 길수록 더 올라가기 힘들다거나 또는 경사로를 올라갈수록 느려진다고 하면서 경사로의 빗변의 길이가 중요하다고 주장하였다.

이 어려움에 대해 더 이해하기 위해 [그림 1.15]와 같이 같은 경사도를 가진 서로 다른 경사로를 보자.

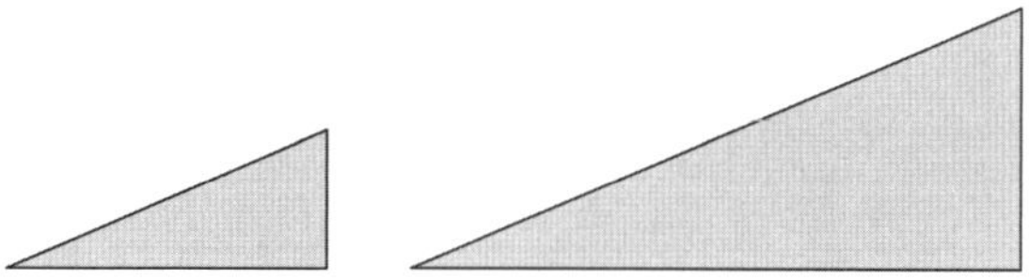

[그림 1.15] 같은 경사도를 가진 서로 다른 경사로

학생들은 오른쪽에 있는 경사로가 더 높고 길어서 더 오르기 힘들기 때문에 경사도가 더 가파르다고 주장할 수 있다. 예를 들어, 만약 학생들이 경사도라는 속성을 경사로를 오르는 데 드는 힘이라는 속성과 구분하지 못한다면 그들은 오른쪽에 있는 경사로를 오르는 데 힘이 더 들기 때문에 두 경사로가 같은 경사도를 갖고 있지 않다는 잘못된 결론을 내릴 수 있다.

2) 양의 변화가 미치는 영향 이해하기

학생들은 속성을 비로 측정하기 위해 어떤 속성이 영향을 미치는지, 어떻게 영향을 미치는지 이해할 필요가 있다. 휠체어 경사로의 상황을 다시 생각해보자. 학생들이 경사로의 바닥에 대한 높이의 비를 세운다면, 이 비가 측정하는 속성은 경사로의 경사도이다. 경사로의 윗부분에 단이 있는 상황에서 학생들은 [그림 1.16]의 첫 번째 그림과 두 번째 그림과 같이 경사로의 바닥의 길이가 줄어드는 것이(높이와 단은 그대로 놔둔 상태에서) 경사로의 경사도를 증가시키고, 경사로의 바닥의 길이가 늘어나는 것은 경사로의 경사도를 감소시킨다는 것을 이해해야 한다. 비슷한 방식으로 세 번째와 네 번째 그림과 같이 경사로의 높이를 증가시키는 것은(바닥 부분의 길이는 그대로인 상태에서) 경사로의 경사도를 증가시킬 것이고, 높이를 감소시키는 것은 경사도를 감소시킬 것이다. 단의 길이를 증가시키거나 감소시키는 것은 경사로의 경사도를 변화시키지 못할 것이다. 마지막 그림의 변화는 단의 길이가 늘어난 것을 보여준다.

저자들 중 한 명은 연구(Lobato, 2008)에 참여한 대부분의 고등학생들이 경사로의 경사도에서 하나의 양을 변화시켰을 때, 그 영향을 이해하는 데 어려움을 느낀다는 것을 발견하였다. 학생들은 경사로의 높이를 증가시키는 것이 경사도를 증가시키고 높이를 감소시키는 것이 경사도를 감소시킨다는 사실에 대해서 추론할 수 있었다. 그러나 절반 이상의 학생들은 경사로 바닥의 길이나 단의 길이를 증가시키거나 감소시키는 것이 미치는 영향에 대해서 알지 못했다. 예를 들어, 한 학생은 단의 길이를 짧게 만드는 것이 경사로를 덜 가파르게 만들고 단의 길이를 길게 만드는 것이 경사로를 더 가파르게 만든다고 주장하였다. 이러한 어려움은 필수 이해 3이 중요함을 시사한다.

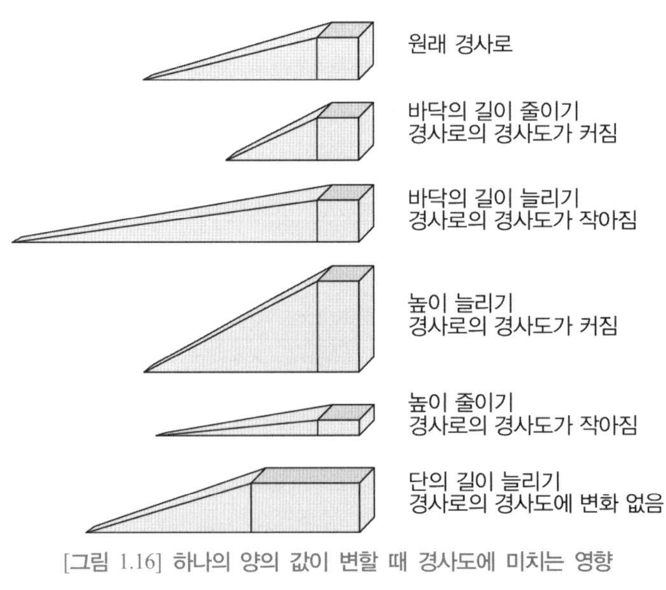

[그림 1.16] 하나의 양의 값이 변할 때 경사도에 미치는 영향

필수 이해 4

비와 분수 사이에는 몇 가지 수학적 관련성이 있다.

- 비와 분수가 같은 뜻이 아님에도 불구하고 비는 종종 분수 형태로 표현된다.
- 비는 보통 "부분-부분" 간을 비교할 때 사용되지만 분수는 그렇지 않다.
- 비와 분수는 서로 부분적으로 중첩되는 것으로 생각될 수 있다.
- 비는 종종 의미상 분수로 재해석될 수 있다.

분수를 비로 해석하는 것은 「유리수에 대한 필수 이해 : 3학년~5학년까지」(Barnett-Clarke 외, 2016)에서 논의한 여러 가지 분수의 의미 중 하나이다.

비를 $\frac{a}{b}$꼴의 분수로 표현할 수 있기 때문에, 학생들은 *비*를 *분수*의 다른 이름이라고 생각한다. 비가 포함된 문제를 논의할 때 분수라는 용어를 사용하는 것은 학생들에게 혼란을 일으킨다. 예를 들어, [그림 1.17]에서 문제 풀이에 제시된 비율에 대해 논의하면서 교사는 "$\frac{2}{3}$와 $\frac{6}{9}$이 서로 같은 분수이므로 답은 6이다"라고 말할 것이다. 필수 이해 4는 비와 분수의 수학적 관계를 강조한다. 비와 분수 사이의 관계를 파악하지 못한 학생에게 $\frac{a}{b}$꼴의 분수 표기는 비의 이해를 어렵게 만들 수 있다.

> 오렌지 농축액 2컵, 물 3컵의 비로 오렌지 주스를 만든다고 한다. 오렌지 주스를 만드는 데 물 9컵을 사용한다면 오렌지 농축액은 몇 컵 필요한가?
>
> $$\frac{2}{3}=\frac{x}{9}$$

[그림 1.17] 비례로 표현되는 교과서의 전형적인 문제

비와 분수의 의미는 서로 동일하지 않다. 비는 주로 부분과 부분을 비교하는 데 사용되지만 분수는 그렇지 않다. 예를 들어, 식초 2스푼과 오일 5스푼으로 만든 샐러드드레싱을 생각해

보자. 식초와 오일의 *비*는 2 : 5, 2 대 5, 또는 $\frac{2}{5}$로 표현할 수 있다. 이 상황에서 $\frac{2}{5}$는 부분과 부분의 비교이다. 그러나 샐러드드레싱에서 오일이 차지하는 *부분*은 $\frac{5}{7}$이고, 이는 부분과 전체의 비교이다. 마찬가지로 샐러드드레싱에서 식초가 차지하는 부분은 $\frac{2}{7}$이고, 이 역시 부분과 전체의 비교이다.

비와 분수는 부분적으로 중첩되는 것으로 볼 수 있다(Clark, Berenson과 Cavey, 2003). 분수가 아닌 비의 예로 *황금비* $\left(\frac{1+\sqrt{5}}{2}\right)$가 있다. 황금비는 무리수인데 분수는 유리수이다. 분수가 아닌 비의 두 번째 예로서 앞서 $\frac{2}{5}$로 표현한 식초와 오일과 같은 부분과 부분의 비교가 있다. 게다가 비는 두 개 이상의 항을 포함하기도 한다. 예를 들어, 어떤 가게에서 판매하는 일반 우유, 저지방 우유, 무지방 우유의 비를 5 : 3 : 1로 표현할 수 있다. [그림 1.18]의 비와 분수의 교집합 영역에는 부분과 전체를 비교하는 비가 포함된다. 예를 들어, 샐러드드레싱의 전체 양에 대한 식초의 비, 즉 2 : 7을 분수로 생각할 수 있고, 이 경우에 샐러드드레싱의 $\frac{2}{7}$가 식초에 해당한다.

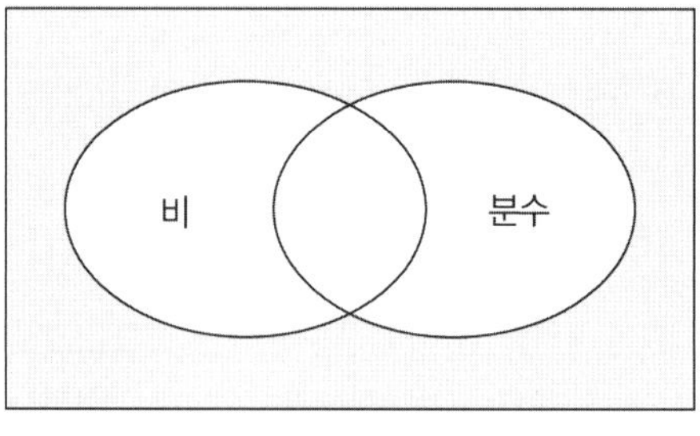

[그림 1.18] 의미가 중첩되는 비와 분수

다른 한편에서 보면, 분수의 의미에는 부분과 전체의 비교가 아닌 다른 측면도 존재한다. 분수를 수직선 위의 점으로 볼 수 있다(예를 들어, $\frac{8}{9}$은 수직선의 0과 1 사이의 점이다.) 분수의 이러한 측면을 가리켜 '측정으로서의 분수'라고 한다. 또한 주어진 양의 크기를 '축소' 또는 '확대'하는 연산자로서의 분수를 생각할 수 있다. 예를 들어, 어떤 양을 $\frac{1}{3}$만큼 축소하는 것이다. 측정으로서의 분수와 연산자로서의 분수도 아닌 경우 분수는 주로 비로 해석된다.

비와 분수의 의미가 서로 동일하지 않지만, 많은 경우 비를 분수로 의미 있게 재해석할 수 있다. 식초와 오일이 2대 5의 비로 섞인 샐러드드레싱의 예를 다시 생각해보자. 부분과 부분의 비교를 부분과 전체의 비교로 재해석할 수 있다(예를 들어, 어떤 것의 $\frac{2}{5}$).

2대 5의 비가 샐러드드레싱에 포함된 식초와 오일의 정확한 양을 알려주지 않는다는 점을 명심해야 한다. 샐러드드레싱에는 식초 2컵과 오일 5컵이 들어갈 수도 있고, 식초 4컵에 오일 10컵, 식초 1컵에 오일 $2\frac{1}{2}$컵이 들어갈 수도 있다. 또는 식초 6숟가락에 오일 15숟가락이 들어갈 수도 있고 식초 $\frac{1}{2}$파인트에 오일 $1\frac{1}{4}$파인트가 들어갈 수도 있다. 어떤 경우라도 식초는 오일의 $\frac{2}{5}$만큼 필요하므로, $\frac{2}{5}$는 분수로서의 의미를 가진다.

예를 들어, 식초 4컵과 오일 10컵으로 만드는 샐러드드레싱을 생각해보자. 10의 $\frac{2}{5}$가 4라는 사실을 시각적으로 설명할 수 있다. [그림 1.19]는 10컵을 5개의 같은 묶음, 즉 $\frac{1}{5}$로 구분한 것이다. 10컵의 $\frac{1}{5}$은 2컵이다. [그림 1.20]은 10컵의 $\frac{2}{5}$,

즉 4컵을 나타낸다. 식초의 양(4컵)은 오일(10컵) 양의 $\frac{2}{5}$만큼이다. 요약하자면 비 2 대 5는 분수 $\frac{2}{5}$로 재해석될 수 있고, 이것의 의미는 식초와 오일의 양이 얼마인지와는 상관없이 샐러드드레싱에 포함된 식초는 오일의 $\frac{2}{5}$라는 것이다.

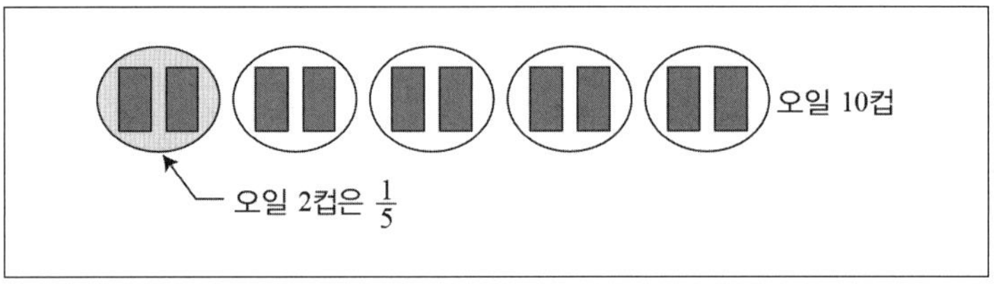

[그림 1.19] 10컵의 5분의 1

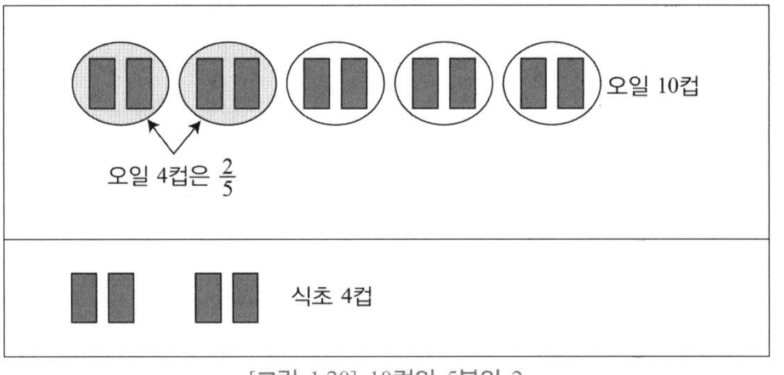

[그림 1.20] 10컵의 5분의 2

비 2 대 5를 $\frac{2}{5}$로 해석하는 두 번째 방법이 있다. 식초 2컵과 오일 5컵으로 샐러드드레싱을 만든다고 생각해보자. [그림 1.21]은 샐러드드레싱 1회분을 만들기 위해 식초와 오일을 '섞은' 것을 나타낸다. 그 1회분을 5개의 같은 크기로 분할한다면 비 2 : 5를 유지해야 할 것이다. 이렇게 분할된 샐러드드레싱에 식초와 오일 역시 5개의 같은 크기로 분할되어야 한다. 오일 5컵을 5개로 분할하면 각각은 1컵씩 된다. 식초 2컵을 5개로 분할하는 것은 좀 더 어려운 일이다. 식초 1컵을 5개로 나누어 각각을 $\frac{1}{5}$로 만들고, 다른 식초 1컵도 같은 방식으로 나눌 수 있다. 이렇게 해서 식초 2컵을 5개로 나누어 각각을 $\frac{2}{5}$컵씩 만들 수 있다. 따라서 [그림 1.22]처럼 샐러드 드레싱은 식초 $\frac{2}{5}$컵과 오일 1컵으로 이루어지고 식초와 오일의 비는 2대 5를 유지하게 된다.

요약하자면, 비 2 : 5 (식초 2부분과 오일 5부분)는 두 가지 다른 방식으로 분수 $\frac{2}{5}$로 재해석될 수 있다. 첫 번째 방식은 샐러드드레싱을 만드는 데 사용된 식초와 오일의 양이 얼마인지에 상관없이 식초의 양은 항상 오일의 $\frac{2}{5}$만큼 들어간다는 것이다. 이러한 해석은 비 2 : 5를 곱셈비교, 즉 2는 5의 $\frac{2}{5}$라는 의미로서 이해하는 것이다.

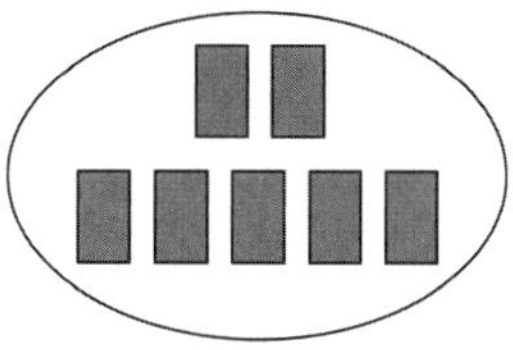

[그림 1.21] 식초 2컵과 오일 5컵의 합성단위

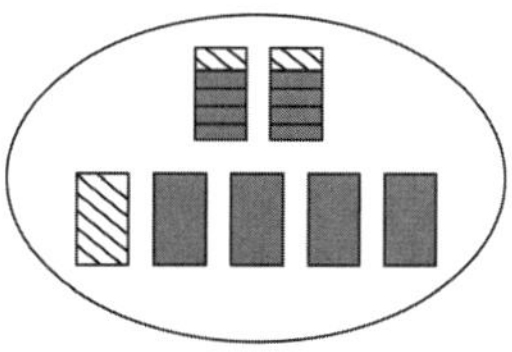

[그림 1.22] 식초 $\frac{2}{5}$컵과 오일 1컵은 샐러드드레싱의 5분의 1에 해당

비를 분수로 해석하는 두 번째 방식은 $\frac{2}{5}$를 식초 $\frac{2}{5}$컵과 오일 1컵의 짝이 모든 샐러드드레싱에서 유지되는 것으로 이해하는 것이다. 이러한 해석은 비 2 : 5를 하나의 합성단위로 이해하고 그 단위를 5개의 같은 부분으로 나누는 것으로 이해하는 것이다. [생각해보기 1.4]는 비를 분수로 해석하는 두 가지 해석 방식을 실세계 맥락에서 활용할 것을 제안한다.

생각해보기 1.4

4분마다 3갤런의 물이 수영장으로 쏟아지고 있다. 이 맥락에서 비 3 : 4를 분수 $\frac{3}{4}$으로 재해석하는 두 가지 방법은 무엇인가? 비 4 : 3을 가분수 $\frac{4}{3}$로 재해석하는 두 가지 방법은 무엇인가?

비 3 : 4 (4분마다 3갤런)를 분수 $\frac{3}{4}$으로 재해석하는 한 가지 방법은 물이 수영장으로 쏟아지는 비율이 일정하다는 가정 하에, 수영장에 채워지는 물의 양이 항상 지나간 시간의 $\frac{3}{4}$에 해당한다는 것이다. 예를 들어, 4분이 지나면 수영장에 3갤런의 물이 차게 되는데 3은 4의 $\frac{3}{4}$이다. 마찬가지로 20분이 지나면 15갤런의 물이 차고 15는 20의 $\frac{3}{4}$이다. 이러한 해석은 비 3 : 4를 곱셈비교, 즉 3은 4의 $\frac{3}{4}$으로 이해하는 것이다. 비 3 : 4를 $\frac{3}{4}$으로 해석하는 두 번째 방식은 물이 쏟아지는 비율을 일정하게 유지하기 위해서 1분 동안에 쏟아지는 물의 양이 $\frac{3}{4}$갤런이라는 것이다. 이러한 해석은 비 3 : 4를 하나의 합성 단위로 보고 이 단위를 4개의 같은 부분으로 분할한 것으로 이해한 것이다.

물이 채워지는 비율을 물 3갤런이 채워지는 데 4분이 필요함을 의미하는 비 4 : 3으로 이해할 수 있다. 이때 비는 두 가지 방식으로 가분수 $\frac{4}{3}$로 재해석될 수 있다. 첫 번째 방식은 수영장에 채워진 물의 양의 $\frac{4}{3}$배만큼의 시간이 소요된다는 것이다. 예를 들어, 12갤런이 수영장에 채워졌다면 16분이 지나야 하고 $12\times\frac{4}{3}=12$이다. 이러한 해석은 비 4 : 3을 곱셈 비교로 이해한 것이고 4는 3의 $\frac{4}{3}$배이다. 두 번째 재해석 방식은 물 1갤런을 채우는 데 $\frac{4}{3}$분이 걸린다는 것이다. 이러한 해석은 4분과 3갤런을 하나의 합성단위로 보고 이 단위를 3개의 같은 단위로 분할한 것이다.

필수 이해 5

비는 몫으로 의미 있게 재해석될 수 있다.

비를 분수로 의미 있게 재해석할 수 있는 것처럼 비를 몫으로도 재해석할 수 있다. 예를 들어, 수도꼭지에서 하루 종일 물이 새는 상황을 생각해보자. 2분마다 4온스의 물이 새고 있다고 가정해 보자. 이것은 비 4 : 2로 표현될 수 있는 비율이다. 누군가 수도꼭지 밑에 양동이를 놓았다면 4분 후에 8온스의 물을 받을 수 있고 10분 후에는 20온스의 물을 받을 수 있으며, 1시간이 지나면 120온스의 물을 받을 수 있을 것이다. 비 4 : 2를 $4\div2$의 몫으로 재해석할 수 있다. 나눗셈의 의미 중에 등분제가 있다. 수도꼭지에서 새는 물의 양을 시간에 똑같이 나누어주는 것으로 생각할 수 있다. [그림 1.23]은 $4\div2$를 4온스의 물을 2분에 각각 똑같이 나누어주는 것으로 설명하고 있다(4개의 쿠키를 2명의 사람에게 나누어주는 것처럼). 그림의 화살표는 나누어주는 과정을 표시한다. 몫 2는 1분마다 떨어지는 물의 양 2온스를 뜻한다.

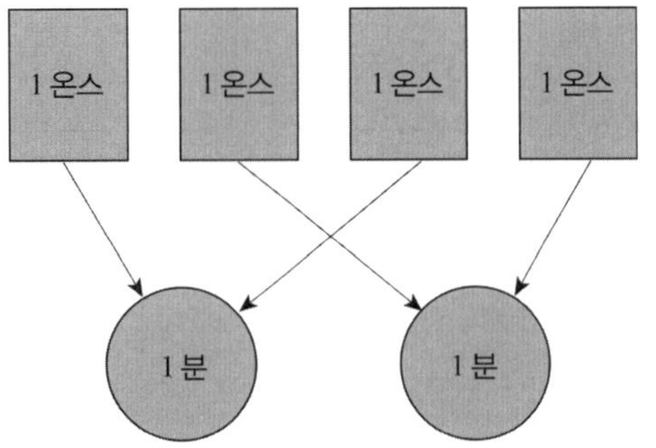

4 ÷ 2 = 2

[그림 1.23] 2분에 똑같이 분배된 4온스의 물

좀 더 복잡한 비로 같은 상황을 생각해보자. 5분마다 2온스의 물이 샌다고 했을 때, 비 2 : 5를 몫(2÷5)으로 재해석할 수 있다. 그러면 물(2온스)을 시간(5분)에 나누어준다고 생각할 수 있다. [그림 1.24]는 이 과정을 설명한다. 첫 번째 온스를 5개의 같은 부분으로 나누어서 $\frac{1}{5}$온스씩 5분의 각각에 배당한다. 두 번째 온스 역시 5개로 나누어 각각의 1분에 배당한다. 결국 $\frac{1}{5}$온스 2개, 즉 $\frac{2}{5}$온스가 1분에 배당된다. 따라서 이 상황에서 몫 2÷5는 1분마다 $\frac{2}{5}$온스의 물이 새고 있다는 의미이고 이를 소수로 표현하면 1분에 0.4온스씩 샌다는 것이다. 비를 몫으로 재해석하는 것은 두 비 사이의 동치를 뜻하는 비례를 이해할 때 유용할 수 있다.

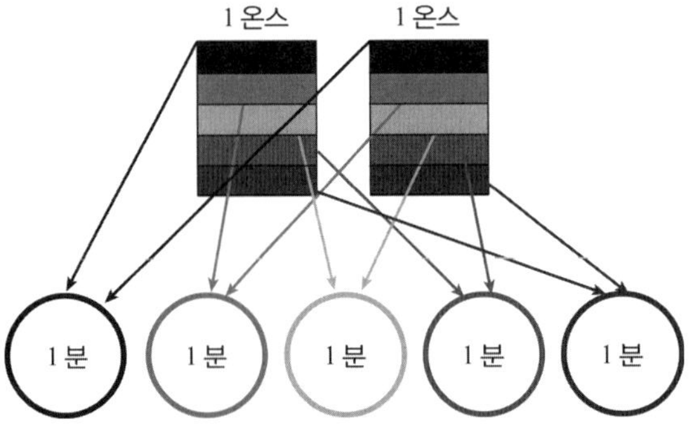

[그림 1.24] 5분에 똑같이 분배된 2온스의 물

필수 이해 6

비례는 두 비 사이의 **동치관계**이다. 비례한다는 것은 두 양의 값이 변화해도 그 두 양이 이루는 비는 일정하다는 뜻이다.

교과서에 제시된 비례가 포함된 문제는 주로 학생들에게 [그림 1.25] 형태의 비례식을 세우도록 유도한다. 그러나 합성단위 또는 곱셈비교로서 비 개념을 제대로 형성하지 못한 학생들은 비례를 단순히 수를 대입하는 공식으로 해석하게 된다.

$$\frac{\square}{\square} = \frac{\square}{\square}$$

[그림 1.25] 비례식을 세우는 공식

필수 이해 1과 관련하여 논의했던 속력이 같은 피에로와 개구리 상황을 다시 생각해보자.

> 피에로는 4초에 10cm를 걷는다. 개구리가 피에로와 같은 속력으로 걷는다면, 8초 동안 개구리는 얼마나 멀리 갈까?

이 문제를 풀기 위해 학생들은 다음과 같은 비례식을 세울 것이다.

$$\frac{\text{거리(cm)}}{\text{시간(초)}} = \frac{10}{4} = \frac{x}{8}$$

학생들은 비례식을 사용해서 개구리가 20cm를 갔다는 것을 알 수 있을 것이다. 그러나 그 학생이 비 개념을 형성하지 못했을 수도 있다. 많은 중학생들은 개구리가 더 멀리 갔다는 이유로(일변량 추론의 예) 또는 비례식에서 개구리 쪽의 수(20과 8)가 더 크다는 이유로(자연수 추론의 예) 개구리가 피에로보다 빠르다고 생각할 수 있다. 이처럼 거리와 시간이 변하는 데 어

필수 이해 1
비를 이용한 추론은 두 가지 양을 관련지어 생각해야 한다.

떤 것은 유지되는 상황을 이해하는 것은 중학생들에게는 어려운 일이다.

비례가 두 비의 동치관계라는 것을 이해하려면 서로 관련된 몇 가지 아이디어를 알아야 한다. 먼저 학생들은 비례식에서 등호의 의미를 이해할 필요가 있다. [생각해보기 1.5]는 등호의 의미에 주목하게 한다.

생각해보기 1.5

> 4초에 10cm를 걷는 피에로와 8초에 20cm를 가는 개구리 문제에 포함된 비례를 생각해보자. 이 문제에서 $\frac{10}{4}=\frac{20}{8}$의 등호의 의미는 무엇인가? 다시 말해, 걷는 상황에서 무엇이 같다는 것인가?

이 맥락에서 등호는 피에로의 속력과 개구리의 속력이 서로 같다는 뜻이다. 필수 이해 5를 적용해서 비 $\frac{10}{4}$과 $\frac{20}{8}$을 각각 몫 10÷4, 20÷8로 재해석할 수 있는데, 각각의 몫은 2.5 m/초라는 같은 속력을 뜻한다.

> **필수 이해 5**
> 비는 몫으로 의미 있게 재해석될 수 있다.

비례식 $\frac{10}{4}=\frac{20}{8}$을 이해하려면 추가적인 아이디어를 이해해야 한다. 교사들은 종종 $\frac{20}{8}$을 약분하면 $\frac{10}{4}$이 된다는 사실을 설명하면서 등호의 의미를 설명할 것이다. 그러나 학생들이 20 나누기 2와 8 나누기 2와 같은 자연수에 대한 지식만으로도 가능한 알고리즘을 이용해도 약분할 수 있다는 점을 인식해야 한다. 이러한 방식으로 해결한 학생들이 10 : 4와 20 : 8을 같은 속력을 나타내는 비로 이해했다고 보장하기는 어렵다. 게다가 비를 분수로 말했다고 하여 비를 분수로 의미 있게 재해석했다고 보장할 수도 없다. 대신 필수 이해 4에서 언급한 분수의 의미를 이해할 필요 있다.

> 비는 분수로 의미 있게 재해석될 수 있다.(필수 이해 4의 일부)

예를 들어, 걷기 맥락에서 비 10 : 4는 1초에 $\frac{10}{4}$cm라는 분수로 재해석될 수 있다. 비 10 : 4에 대한 이러한 분수 해석은 10cm와 4초를 하나의 합성단위로 결합하고 이 단위를 4개의 같은 부분으로 분할하여 이해하는 것이다. 4초를 4개의 같은 부분으로 분할한다는 것은 각각의 부분에 1초씩 배당한다는 뜻이다. 10cm를 4개의 같은 부분으로 분할한다는 것은 각각 의 1cm를 4개로 등분한 $\frac{1}{4}$을 10개 모아서, 즉 $\frac{10}{4}$cm를 1초에 배당한다는 것이다. 따라서 분수 $\frac{10}{4}$은 피에로와 개구리가 1초 동안 걸어간 거리를 나타낸다. 마찬가지로 20 : 8은 1초 동안 걸어간 거리 $\frac{20}{8}$cm로 재해석할 수 있다. 분수 $\frac{10}{4}$과 $\frac{20}{8}$을 1초 동안 걸어간 같은 거리라고 볼 수 있는 것은 다음과 같이 추론했다는 것이다. $\frac{1}{8}$은 $\frac{1}{4}$의 절반이기 때문에 $\frac{1}{8}$이 2개라는 것은 $\frac{1}{4}$과 같다. 따라서 $\frac{2}{8}$를 10개 묶은 것은 $\frac{1}{4}$을 10개 묶은 값과 같다. 그래서 $\frac{20}{8}=\frac{10}{4}$이다.

[생각해보기 1.6]은 앞에서 논의한 샐러드드레싱 맥락에서 새로운 비례를 생각하도록 하고, 비를 분수로 재해석하고 등호의 의미를 고려하면서 비례의 의미를 설명할 기회를 제공한다.

생각해보기 1.6

샐러드드레싱을 만드는 맥락에서 나타나는 다음과 같은 비례를 생각해보자.

$$\frac{\text{식초}}{\text{오일}} \quad \frac{2}{3}=\frac{10}{15}$$

이 식의 의미는 무엇인가?

이 식에서 등호는 두 가지 샐러드드레싱(하나는 식초 2부분, 오일 3부분으로 만들었고, 다른 하나는 식초 10부분과 오일 15부분으로 만들었음)의 맛이 같음을 뜻한다. 왜 그런지를 이해하기 위해서 비 2 : 3과 10 : 15를 분수로 재해석할 수 있어야 한다. 분수 $\frac{2}{3}$의 의미는 식초 $\frac{2}{3}$컵과 오일 1컵으로 만든 샐러드드레싱은 2 : 3의 비를 유지할 것이고 따라서 맛도 그대로일 것이라는 뜻이다. 마찬가지로 식초 $\frac{10}{15}$컵과 오일 1컵으로 만든 샐러드드레싱은 비 10 : 15를 유지할 것이다. 한 컵의 $\frac{2}{3}$와 한 컵의 $\frac{10}{15}$이 같다는 것을 보이기 위해 $\frac{15}{15}$를 $\frac{5}{15}+\frac{5}{15}+\frac{5}{15}$라고 생각하자. $\frac{15}{15}$(1컵)는 $\frac{5}{15}$씩 3개로 나눌 수 있기 때문에 $\frac{5}{15}$는 $\frac{1}{3}$과 같다. 따라서 한 컵의 $\frac{2}{3}\left(\frac{1}{3}+\frac{1}{3}\right)$는 한 컵의 $\frac{10}{15}\left(\frac{5}{15}+\frac{5}{15}\right)$과 같다.

두 비의 같음(비례)에 근거하여 무한히 많은 동치인 비를 만들어내는 능력이 비례추론의 핵심이다. 비례추론은 복합적이고 서로 관련된 측면이 최소 세 가지가 포함되어 있다. 이에 대해서는 필수 이해 7에서 살펴본다.

필수 이해 7

비례추론은 복합적이고 다음과 같은 이해 과정을 포함한다.

- **합성단위**를 반복하거나 분할하여 동치인 비를 만들 수 있다.
- 비례관계를 유지하려면 비에서 한 양을 특정 수로 곱하거나 나눈 만큼 다른 양도 그 수로 곱하거나 나누어야 한다.
- 두 가지 유형의 비 즉, 합성단위로서의 비와 곱셈비교로서의 비는 서로 관련되어 있다.

합성단위로 비를 형성하는 아이디어는 기본적인 개념이지만 정교한 비 추론의 지표는 아니다. 사실 몇몇 연구자들은 합성단위를 형성하는 것을 전－비(pre－ratio) 추론으로 분류했다 (Lesh, Post, Behr, 1988). 필수 이해 7은 정교한 비례추론의 세 가지 중요 측면을 보여준다. 이 세 가지 요소는 정교함의 순서로 나열되었지만 모든 학생들이 이러한 순서로 이해하는 것은 아니다. 다음에 이어지는 논의는 이들 요소에 대한 소개이며 각각에 대한 완벽한 설명은 이 책의 범위를 넘어선다.

1) 동치인 비 만들기

비례추론의 시작 단계에서 학생들은 합성단위를 반복하거나 분할하여 동치인 비의 집합을 만들어낸다. 예를 들어, 다음과 같은 문제를 보아라.

> 높이 3cm, 밑변의 길이가 4cm인 경사로가 있다. 이 경사로와 기울기는 같지만 모양은 다른 경사로를 가능한 많이 만들어라.

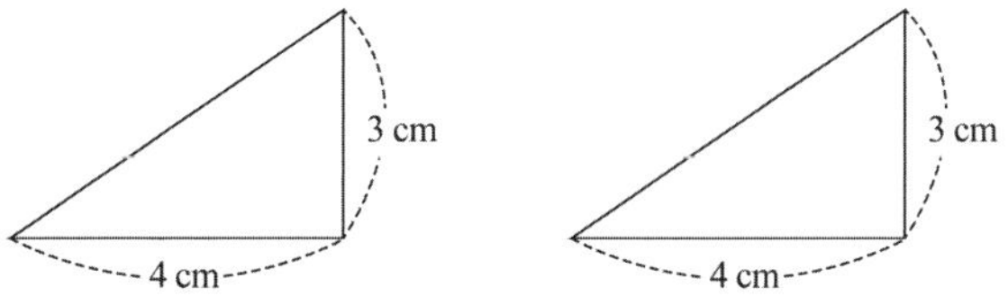

[그림 1.26] 원본 경사로와 복사본

원본 경사로와 똑같은 복사본을 만들었다면 두 경사로의 기울기는 서로 같다(그림 1.26). 원본 경사로와 복사본을 [그림 1.27]처럼 '꼭짓점끼리' 배열하면 두 경사로의 기울기는 변하지 않을 것이다.

높이 6cm, 밑변의 길이가 8cm인 새로운 경사로의 기울기는 원본의 기울기와 같다. 이러한 반복 과정은 같은 기울기의 경사로를 만들어낸다. 높이 12cm에 가로 16cm인 경사로, 높이 21cm에 가로 28cm인 경사로 등을 만들 수 있다.

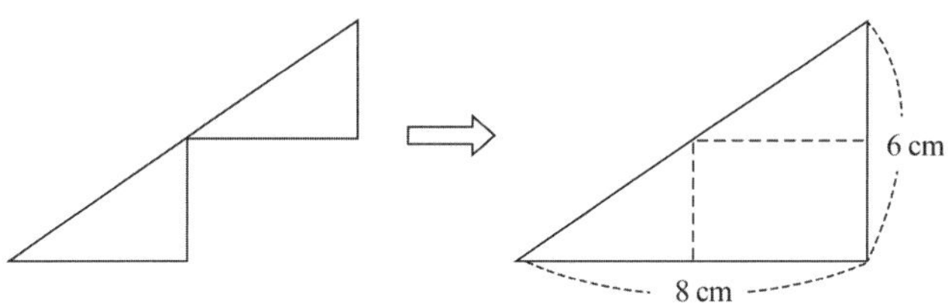

[그림 1.27] 원본 경사로와 기울기가 같은 새로운 경사로를 원본과 복사본의 꼭짓점을 연결하여 만듦

원본 경사로를 분할하여 기울기가 같은 새로운 경사로를 만들 수 있다. 원본 경사로의 높이를 두 부분으로 나누고 가로를 두 부분으로 나누어서 높이 $1\frac{1}{2}$cm에 가로가 2cm인 새로운 경사로를 만들 수 있다(그림 1.28). 학생들은 새로운 경사로를 반복해서 쌓아 올려보면서 원본 경사로와 새로운 경사로의 기울기가 같음을 확인할 수 있다. 분할하기를 통해 기울기가 같은 또 다른 경사로를 만들 수 있다. 예를 들어, 원본 경사로의 높이와 가로를 세 부분으로 분할하여 높이가 1cm이고 가로가 $1\frac{1}{3}$cm인 새로운 경사로를 만들 수 있다.

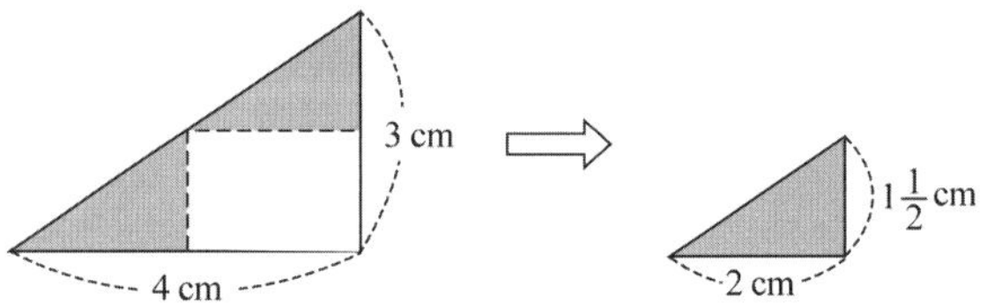

[그림 1.28] 경사로를 분할하여 기울기가 같은 새로운 경사로 만들기

반복과 분할을 결합할 수도 있다. 예를 들어, 원본 경사로와 기울기는 같고, 가로가 5cm인 새로운 경사로의 높이를 구한다고 하자. 4cm와 5cm의 차이가 상대적으로 작기 때문에 이 문제는 까다로울 수 있다. 그러나 분할과 반복을 결합하면 이 문제를 해결할 수 있다.

중학생 마르코의 생각을 예로 들어보자. 그는 새로운 경사로의 가로가 원본 경사로의 가로보다 1cm 길다는 것을 알았다. 그래서 기울기는 원본과 같고 가로는 1cm인 경사로의 높이가 얼마인지를 찾아보기로 했다. 그는 3 : 4인 원본 경사로를 4개의 같은 부분으로 분할해서 $\frac{3}{4}$: 1인 경사로를 구하였다. 그리고 그는 $\frac{3}{4}$: 1인 경사로를 반복하여 쌓았고 새로운 경사로의 가로를 5cm로 만들었다. $\frac{3}{4}$cm인 경사로 5개를 모아서 만든 새로운 경사로의 높이는 $\frac{15}{4}$cm가 되었다.

2) 비례관계 유지하기

보다 정교한 비례추론을 개발하기 위해 곱셈을 사용하여 합성단위를 반복하는 일을 단축하는 능력이 중요하다. 이를 위해 학생들은 합성단위를 여러 번 반복하여 목표치에 도달하는 활동에서 벗어나 자신에게 필요한 횟수를 예상할 수 있어야 한다.

중학생 안드레의 활동을 예로 들어보자. 그녀는 높이 3cm, 가로 4cm인 원본 경사로와 기울기가 같으며 높이는 27cm인 새로운 경사로의 가로를 구해야 한다. 그녀는 원본 경사로 4개를 쌓아놓은 그림을 그렸다. 그녀는 쌓아놓은 경사로의 높이를 더해서 새로운 경사로의 높이를 구했다(3+3+3+3=12cm). 그녀는 원본 경사로가 부족함을 인식했고 원본 경사로를 한 개 더 쌓아서 높이를 구했다(3+3+3+3+3=15cm). 안드레는 새로운 경사로의 높이가 27cm가 될 때까지 쌓기를 계속하면서 새로운 경사로의 가로 36cm를 구하였다. 그녀가 결국 정답을 찾았지만, 그녀의 추론은 다음의 다비드의 활동에서 나타난 정교함에는 이르지 못한 것이다.

다비드는 새로운 경사로의 높이(27cm)가 3cm를 9번 더해서 이루어진 것이라 생각하면서 문제에 접근하였다. 그 결과 다비드는 원본 경사로의 높이에 9를 곱하는 것을 생각할 수 있었다. 그는 3 : 4 경사로를 9번 반복해야 한다는 것을 인식했기 때문에 밑변의 길이에도 9를 곱해야 한다는 것을 알았다(4cm × 9=36cm).

다비드는 곱셈으로 계속된 반복을 단축할 수 있다는 점을 이해했다. 안드레와 같은 학생들에게 이러한 점을 이해시키려면 그들이 반복하여 얻은 결과에 대해 반성할 수 있는 기회를 제공해야 한다. 예를 들어, 안드레는 반복과 세기를 통해 문제를 해결할 수 있었다. 그녀는 새로운 경사로를 만들기 위해 원본 경사로 9개를 사용했다는 점을 깨닫지 못했을 수 있다. 학생들에게 자신이 반복한 단위의 수(경사로의 수)를 반성하게 하는 일이 그 수를 예상하는 능력을 키워주는 데 매우 중요하다.

다비드의 활동에 반영된 이해를 일반화할 수 있다. 한 양에 특정 수를 곱했을 때, 비례관계를 유지하기 위해서, 다른 양에도 그 수를 곱해야 한다. 마찬가지로 한 양을 특정 수로 나누었을 때 비례관계를 유지하려면 다른 양도 그 수로 나누어야 한다. 이러한 성질을 이해하기 위해, 학생들은 분할 활동을 나눗셈 연산과 관련짓고 자신이 분할한 수를 인식할 수 있어야 한다.

예를 들어, 높이가 1cm이고 원본 경사로와 기울기가 같은 경사로의 밑변의 길이를 구해야 한다고 하자. 3cm가 1cm 3개가 결합된 것이라는 생각을 토대로 원본 경사로의 높이를 3개의 같은 부분으로 분할하는 활동을 생각할 수 있다. 분할 활동을 나눗셈 연산과 관련시켜서 학생들은 3cm를 3으로 나누어 1cm라는 높이를 구하게 된다. 높이를 3으로 나누었기 때문에 밑변의 길이도 3으로 나누어야 하고 결국 $\frac{4}{3}$cm를 구할 수 있다. 따라서 높이 1cm, 가로 $\frac{4}{3}$cm인 경사로는 높이 3m, 가로 4cm인 경사로와 그 기울기가 같다. 각각의 양(높이와 밑변의 길이)을 같은 수 3으로 나눈다는 것은 각각의 양에 같은 수 $\frac{1}{3}$을 곱하는 것으로 생각할 수 있다. 사실 각각의 양에 같은 수를 곱하면 비례관계가 유지된다는 점을 이해했다면, 이러한 이해는 분수를 곱하는 것으로도 확장될 수 있다.

앞서 살펴보았던 마르코의 추론을 다시 생각해보자. 그는 3 : 4 원본 경사로와 기울기가 같은 가로 5cm인 새로운 경사로의 높이를 구하고 있었다. 마르코는 3 : 4 경사로를 4개의 부분으로 분할하여 $\frac{3}{4}:1$ 경사로를 구했다. 그리고 $\frac{3}{4}:1$ 경사로 5개를 반복해서 가로가 5cm가 되도록 했다. 그 결과 새로운 경사로의 높이 $\frac{15}{4}$cm를 구할 수 있었다.

결국 마르코는 분수 곱셈을 사용한다는 것을 이해해야 한다. 예를 들어, 그는 5cm가 4cm의 $\frac{5}{4}$라는 사실을 알고 시작할 수 있다. 마르코가 자신의 분할과 반복 활동을 반성함으로써 $\frac{5}{4}$라는 인수를 알아낼 수 있다. 마르코는 4cm를 4부분으로 등분할하면서 4cm의 $\frac{1}{4}$을 알 수 있었다. 개념적으로 이러한 활동은 $\frac{1}{4}\times 4\text{cm}$를 구하는 것과 동일하다. 마르코는 그 결과를 다시 5번 반복하였다. 이 활동은 4cm의 $\frac{1}{4}$을 5배 한 것, 즉 $\frac{5}{4}\times 4$ cm와 동일하다.

학생이 5cm가 $\frac{5}{4}\times 4\text{cm}$와 같음을 알았다면 그는 $\frac{5}{4}\times 3\text{cm}$를 계산하여 이 문제를 해결할 수 있다. 요약하자면 마르코와 같은 학생은 각각의 양에 같은 수 $\frac{a}{b}$를 곱해서 비례관계를 유지할 수 있다는 사실을 거의 이해했다고 볼 수 있다.

3) 두 가지 유형의 비 관련짓기

지금까지의 논의는 비를 합성단위로 생각하는 비례추론 전략에 초점을 두었는데, 이러한 전략이 비례추론을 처음 시작하는 중학생들에게 적합하기 때문이다. 그러나 학생들이 곱셈비교를 배우고 이 두 가지 유형의 비를 연결하는 것도 중요하다. 예를 들어, 지금까지 살펴보았던 기울기가 같은 여러 경사로의 밑변의 길이와 높이를 생각해보자.(그림 1.29)

높이(cm)	밑변의 길이(cm)
3	4
6	8
9	12
12	16
21	28
27	36
1.5	2
$\frac{3}{4}$	1
1	$\frac{4}{3}$
$3\frac{3}{4}$	5

[그림 1.29] 기울기가 같은 여러 경사로의 높이와 가로
(음영된 부분은 단위비를 나타냄)

각각의 경우 높이는 밑변의 길이의 $\frac{3}{4}$이고 가로는 높이의 $\frac{4}{3}$이다. 이러한 두 비 $\frac{3}{4}$과 $\frac{4}{3}$는 곱셈비교이다. 비 $\frac{3}{4}$을 찾기 위해 학생들은 '높이는 밑변의 길이의 얼마인가?'라는 질문을 할 수 있다. 비 $\frac{4}{3}$를 찾기 위해, '밑변의 길이는 높이의 몇 배인가?'라는 질문을 할 수 있다. 곱셈비교를 사용하는 것은 강력한 비례추론 전략이다. 예를 들어, 높이가 16cm인 경사로의 밑변의 길이를 구하려면, 높이에 $\frac{4}{3}$를 곱하면 된다($16\text{cm} \times \frac{4}{3} = 21\frac{1}{3}\text{cm}$). 마찬가지로 경사로의 밑변의 길이를 알고 있다면 밑변의 길이에 $\frac{3}{4}$을 곱하여 높이를 구할 수 있다.

학생들이 합성단위와 곱셈비교를 관련지어 생각하는 것은 중요하다. 학생들이 이 관계를 이해하는 가장 쉬운 방법은 단위비를 보는 것이다(그림 1.29의 음영 부분). 7학년 마누엘이 형성한 연결 관계를 예로 들어 보자. 마누엘은 합성단위 1cm(높이)와 $\frac{4}{3}$cm(밑변의 길이)를 만들었다. 그는 $1 : \frac{4}{3}$ 경사로를 반

복하여 기울기가 같은 다른 경사로들을 만들었다. $1:\frac{4}{3}$를 두 번 반복하여 높이 2cm, 가로 $2\frac{2}{3}$cm인 경사로를 만들었다. $1:\frac{4}{3}$를 세 번 반복하여 높이 3cm, 가로 4cm인 경사로를 만들었다. 높이 8cm인 경사로의 밑변의 길이를 구하라고 했을 때, 마누엘은 높이 8cm가 1cm 8개로 이루어졌음을 추론하였다. 높이 1cm당 가로 $\frac{4}{3}$cm가 필요했다. $\frac{4}{3}$cm가 8개 필요하므로 그는 $8\times\frac{4}{3}$를 계산하였다. 다른 경사로에 대해서도 마누엘은 주어진 높이에 $\frac{4}{3}$를 곱하여 밑변의 길이를 구하였다.

마누엘은 서로 기울기가 같은 경사로들의 밑변의 길이는 그 높이의 $\frac{4}{3}$배와 같다는 점을 이해하였다. 그가 합성단위를 사용하던 방법을 확장하여 경사로의 밑변의 길이와 높이 사이의 곱셈비교를 형성한 것이다. 이러한 곱셈비교와 합성단위의 연결을 통해 마누엘은 '같은 기울기'를 갖는 경사로들의 밑변의 길이와 높이의 관계를 등식으로 표현할 수 있었다. 특히 마누엘은 $H\times\frac{4}{3}=L$라고 표현하고 이를 통해 어떤 경사로가 주어져도 그 높이(H)에 $\frac{4}{3}$를 곱하여 밑변의 길이(L)를 구할 수 있음을 설명하였다.

필수 이해 8

비율은 무한개의 동치인 비의 집합이다.

본 장에서는 비례추론의 핵심 아이디어와 관련된 필수 이해에 관하여 논의한다. 먼저 비의 형성에 대해 살펴본 후 서로 동치인 두 비에 대한 추론, 즉 비례에 대해 논의한다. 이어서 비례추론의 특징인 동치인 비의 집합에 관해 논의한다. 대부분의 교과서가 비례, 즉 서로 동치인 두 비에 대한 추론까지만 다루고 있기 때문에 동치인 비의 집합을 어떻게 전개하는지에 주목할 필요가 있다. 학생들은 수업을 받은 후 절차를 사용할 수 있을지 몰라도 동치인 비에 대한 추론 능력은 개발하지 못할 수도 있다. 학생이 무한개의 동치인 비의 집합을 형성했다는 것은 *비율*을 이해했다는 것과 같은 의미이다.

Thompson(1994)은 무한개의 동치인 비의 집합을 지칭하기 위해 *비율*이라는 용어를 비관습적으로 사용할 것을 주장한다. *비율*에는 두 가지의 또 다른 의미가 있는데 이것이 좀 더 일반적이다. *비율*은 종종 서로 다른 단위의 두 양의 비교로 정의된다(예를 들어, 이동 거리에 대한 휘발유의 사용량). 반면, *비*는 서로 같은 단위의 두 양의 비교로 정의된다(예를 들어, 길이에 대한 길이). *비율*은 주로 하나의 양이 시간일 때 비를 지칭하기 위해 사용된다(예를 들어, 시간에 대한 이동거리).

Thompson은 이러한 정의의 구분은 *상황*에 비추어 이루어지는 것이지 학생이 상황을 *이해하는 방식*에 비추어 이루어지는 것이 아니라고 주장한다. 게다가 Thompson은 비에 대한 사고의 측면(예를 들어, 곱셈비교로서, 합성단위로서)으로 비를 특징짓게 되면 "같은 단위 대 다른 단위"의 구분은 대수롭지 않게 되는 장점이 있다고 주장한다.

본 장에서는 두 유형의 맥락을 상호 교환적으로 사용한다. 경사로 맥락에서 밑변과 높이의 단위(예를 들어, cm)는 서로 같다. 그러나 속력 맥락에서 거리와 시간의 단위(예를 들어, cm와 초)는 서로 다르다. 게다가 Thompson의 견해에 따라 비율을 사용하게 되면, 이는 고급수학에서 비율이 사용되는 방식과 좀 더 일맥상통한다. 미적분학에서, 특정 점에서의 미분계수는 그 점에서의 순간*변화율*을 의미한다. 함수 관계를 이루는 두 양의 단위가 서로 같은지 다른지는 중요하지 않다.

교사들의 경우 상황의 특징이 아니라 학생들의 사고의 측면에서 비율을 특징짓게 되면 학생들의 추론의 정교성 수준을 평가하는 데 유용할 수 있다. 오렌지 주스의 "레시피"에서 오렌지 농축액과 물의 비에 대한 [그림 1.30]의 문제를 살펴보자.

오렌지 주스의 레시피는 아래 그림과 같다. 물에 대한 오렌지 농축액의 비는 얼마인가?

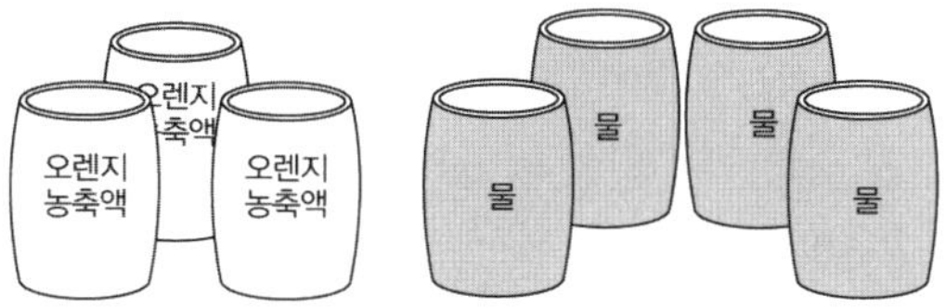

[그림 1.30] 그림으로 표현된 오렌지 주스의 "레시피" 문제

한 학생이 3 : 4로 썼다고 가정해 보자. 이 학생은 적어도 세 가지 방식으로 주어진 상황을 이해했을 수 있다.

1. *비로 인식하지 않음*. 이 학생은 단지 자연수 세기를 이용하여 오렌지 농축액 3통과 물 4통을 셀 수 있었고, 개념적으로 비를 형성하지 않고도 3 : 4 또는 $\frac{4}{3}$라고 썼을 것이다.
2. **비로 인식**. 이 학생은 오렌지 농축액 3통과 물 4통의 합성 단위를 만들고, 오렌지 농축액 6통과 물 8통으로 만든 오렌지 주스가 동일한 맛의 오렌지 주스인지를 결정하기 위해 3 : 4 단위를 2배 했을 것이다. 그러나 이 학생의 추론은 배로 늘이거나 반으로 줄이는 것과 같은 비교적 쉬운 동치인 비들을 생각하여 찾아낸 것에 국한되었을 수 있다.
3. **비율로 인식**. 이 학생은 동일한 맛의 오렌지 주스를 만들기 위해 오렌지 농축액의 양과 물의 양을 결정하는 데 비례추론을 사용할 수 있었을 것이다. 예를 들어, 이 학생은 7통의 물에 대해 $5\frac{1}{4}$통의 오렌지 농축액이, $1\frac{1}{3}$통의 물에

대해 1통의 오렌지 농축액이, $\frac{4}{9}$통의 물에 대해 $\frac{1}{3}$통의 오렌지 농축액이 필요하다는 것을 이해할 수 있다.

이런 방식의 비율에 대한 사고는 학생들의 비례추론 능력을 과도추정하지 않도록 도울 수 있다. 예를 들어, 학생들은 $\frac{7}{8}$, $\frac{3}{5}$과 같은 다소 어려운 분수들을 이용해 동치인 비를 확인할 수 있기 오랜 전부터 배로 늘이거나 반으로 줄이는 것과 같은 추론에서 유창한 모습을 보인다. "쉬운" 비를 만드는 학생들을 관찰했을 때, 이들이 어려운 분수에 대해서도 능숙할 것이라 가정하여 학생들이 보여주는 것보다 더 정교한 비례추론 수준을 학생들이 발달시켰다고 잘못 생각할 수 있다. 비와 비율을 구분하게 되면 동치인 비의 확장된 집합을 만들도록 하는 문제를 제시하여 학생들의 추론 수준을 평가할 수 있다. 학생들이 좀 더 "어려운" 수들을 가지고 추론해야만 얻을 수 있는 비를 다루도록 할 수 있다.

필수 이해 9

☞ 의미 이해에 기초한 추론 방식은 비례 문제 해결을 위한 알고리즘으로 일반화될 수 있다.

알고리즘은 문제를 해결하기 위한 일반적이고 효율적인 방법을 제공하기 때문에 알고리즘의 사용과 이해는 수학의 중요한 부분이다. 세 수가 주어지고 하나의 수가 미지수인 비례문제를 해결하는 데 가장 효율적인 알고리즘은 대각선 곱하기 알고리즘이다. 그러나 학생들은 거의 이해를 하지 못한 채 이 알고리즘을 사용한다. 사실 실제 상황에서 양의 의미에 대한 이해는 알고리즘의 대각선 곱하기 단계를 수행할 때 중단된다.

다음 문제를 살펴보자.

> 치즈 크래커 상자에는 6개의 크래커에 70칼로리가 포함되어 있다고 쓰여 있다. 20개의 크래커에 포함된 칼로리는 얼마인가?

학생들은 다음과 같은 비례식을 세울 수 있다.

$$\frac{\text{칼로리}}{\text{크래커}} \quad \frac{70}{6} = \frac{x}{20}$$

그리고 대각선 곱하기 알고리즘을 실시하여 방정식 $6x = 70 \times 20$을 얻을 수 있다. 그러나 "칼로리−크래커"는 이치에 맞지 않기 때문에 70칼로리 × 20크래커의 단위는 의미가 없다. 70 × 20과 관련된 단위는 크래커 하나에 대한 칼로리를 의미하지 않는다. 크래커 하나에 대한 칼로리는 의미가 있다. 따라서 대각선 곱하기를 하게 되면 이치에 맞는 사고를 하지 못하게 된다.

그러나 대안적 해결방법은 의미를 이해하도록 하면서 임의의 양의 값을 일반화한다. 본 절에서는 "단위비(unit ratio)"[6] 방법이라 불리는 하나의 방법을 소개하고, 몇 가지 관련된 이해를 살펴본다. 위의 크래커 문제에서 크래커에 대한 칼로리의 비는 6에 대한 70이다. 필수 이해 5를 적용하여 비 70 : 6을 몫 70 ÷ 6으로 해석할 수 있다. 이것은 약 11.67이 되고 하나의 크래커에 포함된 칼로리의 양을 표현한다. 20개의 크래커는 1개의 크래커에 들어 있는 칼로리의 양보다 20배 많은 칼로리를 포함하고 있기 때문에 약 20 × 11.67칼로리 또는 약 233칼로리를 포함하고 있다.

> **필수 이해 5**
> 비는 몫으로 의미 있게 재해석될 수 있다.

이와 같은 대안적 접근은 *단위비* 만들기를 포함하는데, 두 번째 양의 한 단위당 첫 번째 양이 단위비가 된다. 크래커 문제에서 1개의 크래커당 칼로리의 양이 단위비가 된다. 이러한 접근은 상황에서 다루어지고 있는 양에 대한 이치에 맞는 사고에 기초한다. 그렇다면 단위비 방법 모든 수에 일반화하는 것이 가능한가? [생각해보기 1.7]은 같은 맥락이지만 "복잡한" 수

6) [역자 주] unit ratio를 단위비로 번역하였다.

를 포함하고 있는 다른 문제에 대해 생각해보자.

생각해보기 1.7

18개의 크래커에 167칼로리가 포함되어 있다고 가정해보자. 11개의 크래커에 포함된 칼로리는 얼마인가? 단위비 방법을 사용하여 해결하여라.

단위비 방법이 여전히 사용 가능하다. 문제가 11개의 크래커에 포함된 칼로리의 양을 묻고 있기 때문에 1개의 크래커에 포함된 칼로리의 양을 구하는 것이 유용하다. 크래커에 대한 칼로리의 비는 167 : 18이다. 필수 이해 5를 적용하여 이 비를 몫으로 해석할 수 있고, 167 ÷ 18을 계산하여 1개의 크래커에 포함된 칼로리의 양을 약 9.3 정도 구할 수 있다. 11개의 크래커는 각각 약 9.3칼로리를 포함하고 있기 때문에 전체 칼로리는 약 11 × 9.3, 즉 약 102칼로리이다.

학생들은 종종 이 문제와 같이 두 번째 양이 미지의 값인 경우, 즉 크래커의 수가 아니라 칼로리의 양이 미지의 값인 경우에는 문제를 해결할 때 추가적인 이해를 필요로 한다. 다음 문제를 살펴보자.

> 6개의 치즈 크래커에 70칼로리가 포함되어 있다면, 300칼로리를 얻기 위해 필요한 크래커는 몇 개인가?

학생들은 초등학교 때의 경험에 비추어 볼 때 큰 수를 작은 수로 나누는 것이 자연스럽기 때문에 6으로 70을 나누는 것부터 시작할 수도 있다. 그러나 문제는 300칼로리를 얻기 위해 필요한 크래커의 수를 묻고 있다. 그래서 학생들은 단지 1칼로리를 얻을 수 있는 크래커의 수를 구해야 한다. 6개의 크래커가 70칼로리를 제공한다. 비 6 : 70은 이러한 사실을 표현한다. 필수 이해 5를 이해한 학생들은 이 비를 6 ÷ 70으로 재해석하고 몫이 1칼로리를 제공하는 크래커의 양, 즉 약 0.086개의 크래커라는 것을 이해할 수 있다. 1칼로리를 위해 약 0.086개의 크래커를 섭취해야 하기 때문에 300칼로리를 위해 섭취해야 하는 크래커의 전체 양은 300×0.086 또는 약 26개가 된다.

비례 문제를 해결하는 다른 많은 방법들 역시 의미 이해에 기초해야 한다. 본 절의 목표는 의미를 유지하면서 대각선 곱하기 알고리즘으로 일반화할 수 있는 대안적 접근을 설명하는 것이었다. 그러나 학생들은 문제 맥락에서 비례추론을 적용하고자 시도하기 전에 상황에 포함된 양들이 비례적으로 관련되어 있는지 여부를 먼저 판단할 수 있어야 한다. 이에 대한 판단 능력은 필수 이해 10에서 다루는 중요한 개념의 이해에 달려 있다.

필수 이해 10

문제에 제시된 피상적 단서는 양 사이의 비례 관계에 대한 충분한 증거를 제공하지 않는다.

문제 해결자들은 특정한 상황에 포함된 양의 속성에 비추어 비례추론을 사용할지 여부를 결정해야 한다. 그러나 학생들은 어떤 상황이 비례를 포함하는지 여부를 결정할 때 다음과 같은 유형의 피상적인 단서에 지나치게 의존한다.

- 세 수가 주어지고 하나의 값이 미지의수로 남아있는 문제
- *~당(per)*, *비율*, *속력*과 같은 주요 단어들이 포함된 문제
- 비와 비례 단원에 포함된 문제

다음(Lamon, 1999, p.223)은 이와 관련된 문제들이다.

1. 한 명의 축구선수의 몸무게가 225파운드일 때, 3명의 선수의 몸무게는 얼마인가?
2. 한 명의 남자가 혼자서 침실에 페인트를 칠하는 데 3시간이 걸렸다. 두 명의 남자가 함께 칠한다면 얼마의 시

간이 걸리겠는가? 두 남자가 페인트를 칠하는 속도는 서로 같다.

3. 밥과 마티는 같은 속력으로 함께 운동장을 몇 바퀴씩 달린다. 오늘 마티는 밥이 탈의실에서 나오기 전에 먼저 달리기 시작했다. 밥이 3바퀴를 달리는 동안 마티는 6바퀴를 달렸다. 밥이 12바퀴를 달리는 동안 마티는 몇 바퀴를 달리겠는가?
4. 수도꼭지 밑에 양동이를 놓아두었다. 처음 양동이에 6온스의 물이 담겨 있었다. 8분 후 확인해보니 양동이에 10온스의 물이 담겨 있다. 17분 후에 양동이에 담겨진 물의 양은 얼마인가?

학생들이 세 수가 주어지고 하나의 값이 미지수로 남아있을 때마다 비례식을 만들어야 한다고 생각한다면, 문제 1을 해결하기 위해 다음과 같은 비례식을 만들 것이다.

$$\frac{1}{225}=\frac{3}{x}$$

x를 구하면 675파운드가 된다. 그러나 목표는 학생들이 이 수를 조작하기 *전에* 실생활에 대한 그들의 상식을 사용하도록 하는 것이다. 이 경우 모든 축구선수의 몸무게가 225파운드인 것은 아니다. 선수들의 몸무게를 각각 구해 더하는 것이 더 타당하다. 문제에 225파운드가 축구선수들의 평균 몸무게라 기술되어 있고, 세 선수의 전체 몸무게의 근삿값을 구하라고 했다면 이 상황에서 비례추론의 사용이 가능할 것이다.

세 수가 주어지고 하나의 값이 미지수로 남겨진 문제마다 비례식을 세우는 전략은 문제 2와 같은 사례에서 좀 더 심각한 문제가 발생한다.

$\frac{1}{3}=\frac{2}{x}$와 같은 비례식을 세우게 되면 6시간이라는 잘못된 답을 구하게 된다. 비례상황에서 두 양은 같은 비율로 함께 증

가하거나 감소한다. 특정한 상황에서 이러한 현상이 발생하는지 여부를 판단하기 위해 문제 해결자들은 하나의 양이 증가할 때 어떤 일이 일어나는지 생각해 볼 수 있다. 문제 2의 상황에서 더 많은 사람이 페인트를 칠한다면 시간이 더 많이 걸리는 것이 아니라 더 적게 걸릴 것이다. 따라서 일하는 사람 수와 페인트를 칠하는 데 걸리는 시간 사이의 관계는 정비례하지 않는다.

때때로 학생들은 상황에 대한 세부 사항을 고려하지 않고 문제의 진술에서 ~당, 비율, 속력과 같은 단어들을 보고 비례식을 세운다. 문제 3에서 학생들은 다음과 같은 비례식을 만들 수도 있다.

$$\frac{6}{x} = \frac{3}{12}$$

이를 계산하면 마티가 24바퀴를 달린다는 틀린 답을 구하게 된다.

두 양이 비례관계일 때 두 양은 모든 값들에 대해 항상 성립하는 "다수 대 하나"의 관계에 놓이게 된다. 예를 들어, 다음 비례상황을 살펴보자.

> 찰흙 2봉지의 무게는 30파운드이다. 찰흙 3봉지의 무게는 얼마인가?

이 상황에서, 찰흙 한 봉지의 무게는 15파운드이고, 이러한 관계는 임의의 개수의 찰흙 봉지에 대해 그대로 성립한다. 달리기 맥락 역시 "다수 대 하나"의 관계가 성립한다. 마티가 6바퀴를 달리는 동안 밥이 3바퀴를 달렸으므로, 밥이 한 바퀴를 달리는 동안 마티는 2바퀴를 달린다고 생각할 수 있다. 그러나 이러한 관계는 지속되지 않는다. 마티와 밥은 같은 속력으로 달리기 때문에, 마티가 한 바퀴를 더 돌았을 때 밥 역시 한 바퀴를 더 돌게 된다. 그래서 마티는 7바퀴, 밥은 4바퀴를 돌게 되는데 7은 2×4가 아니다. 이러한 상황은 당연히 덧셈과 관련있다. 밥이 일단 3바퀴를 돌았다면, 12바퀴를 완성하기 위해 9바퀴를 더 돌아야 한다. 따라서 밥이 12바퀴를 돌 때, 마티는 6+9, 즉 15바퀴를 달리게 될 것이다.

마지막으로 문제 4가 비례추론 단원에 제시된다면, 일부 학생들은 이것을 해결하기 위해 다음과 같은 잘못된 비례식을 만들 것이다.

$$\frac{8}{10} = \frac{17}{x}$$

양들이 비례관계인지 판단하는 한 가지 방법은 두 양 모두를 2배 했을 때 그 관계가 그대로 유지되는지 탐색하는 것이다. 이 경우 시간을 2배 한다고 해서 양동이의 물의 높이는 2배가 되지 않는다. 왜냐하면 처음부터 양동이에 얼마간의 물이 담겨져 있었기 때문이다. 따라서 물의 양과 물이 떨어진 시간은 정비례관계가 아니다. 그러나 물의 양의 *변화*와 시간의 *변화* 사이에는 비례관계가 성립한다. 이에 대해서는 2장에서 논의한다.

결론

비례추론은 학생들의 인지 발달에 대한 중요한 이정표가 된다. 비례성의 이해는 수년에 걸쳐 서서히 발달한다. 단지 신체적인 성숙만으로는 비례추론의 발달을 장담하지 못한다. 우리 사회에는 비례적으로 추론하지 못하는 성인들이 많다. 대각선 곱하기 알고리즘을 정확하게 실행하는 능력이 비례적으로 추론하는 능력을 장담하지 못한다는 사실은 비례추론이 얼마나 복잡한 것인지 잘 보여준다. 게다가 배로 늘이거나 반으로 줄이는 전략을 효과적으로 사용할 수 있는 사람도 좀 더 어려운 수를 사용해야하는 상황에서는 비례적으로 추론하지 못할 수도 있다.

비례적으로 추론하기 위해서는 다음과 같은 다양한 이해가 필요하다. 비의 의미를 곱셈비교 그리고 합성단위로 파악하기, 비, 분수, 몫 사이의 연결성 파악하기, 비례추론의 기초적 수준에서 정교한 수준까지 발달하는 것과 관련된 아이디어 이해하기가 그것이다. 비례추론은 복합적이기 때문에 핵심 아이디어와 관련된 이해를 발달시키는 것은 쉽지 않다. 그러나 교사 스스로 이해 수준을 높이는 것, 학생들이 좀 더 정교한 수준의 추론을 발달시키도록 독려하면서 학생들에게 가장 적합한 추론 유형이 무엇인지에 민감해지는 것, 이러한 아이디어를 학습할 때 학생들에게서 나타나는 전형적인 변화가 무엇인지 인식하는 것은 중요하다. 3장에서는 교수, 학습, 평가에 대해 다루는데, 그에 앞서 먼저 2장에서는 비례추론의 필수 이해와 다른 수학 내용들 사이의 연계에 대해 살펴본다. 특히, 2장에서는 이러한 아이디어들이 어떻게 고등학교 내용을 더 풍부하게 탐색하도록 뒷받침하는지, 그리고 6~8학년에서 비례추론의 발달을 위한 선결조건으로 초등학교에서 발달시켜야 하는 개념에는 무엇이 있는지 살펴본다.

제2장

선수학습과 후속학습의 연계성

본 장에서는 기울기, 일차함수, 대수방정식과 관련하여 중·고등학교 수학 내용에 대한 교사들의 이해를 심화시키기 위해 비, 비례, 비례추론의 핵심 아이디어와 관련된 필수 이해를 사용하는 방법에 대해 살펴본다. 이어서 비례추론이 전 학년에 걸쳐 측정을 이해하는 핵심임을 간단하게 논의한다. 마지막으로 학생들의 비례추론 발달에 핵심이면서 초등학교 교사들이 다루어야 하는 분수 및 곱셈과 관련된 몇몇 기본적인 아이디어들을 확인한다.

01 일차함수, 대수방정식, 기울기에 대해 추론할 때 사용하는 필수 이해

1장에서 살펴본 비례추론의 핵심 아이디어를 이해한 교사들은 친숙한 개념들을 새로운 방식으로 바라볼 때 관련된 필수 이해를 이용할 수 있다. 교사들이 일차함수, 대수방정식, 기울기 개념에 필수 이해를 적용하면서 이해할 수 있는 몇 가지 의미에 대해 살펴보자.

1) $y = mx$ 형태의 일차함수

중·고등학교 학생들은 $y = mx$ 형태의 일차식이 *비례성*을 나타내며, 여기서 비례상수 m은 불변의 비 즉, 소위 *비례성 상수*임을 이해해야 한다. Karplus, Pulos 그리고 Stage(1983)는 *비례추론*을 "일차함수 관계가 존재하는 두 변수 사이의 추론을 지칭하는 단어"라 하였다(p.219).

경과 시간 (초)	보행 거리 (cm)
4	10
8	20
12	30
2	5
6	15
1	2.5
3	7.5
5	12.5
2.5	6.25
0.4	1
4.3	10.75

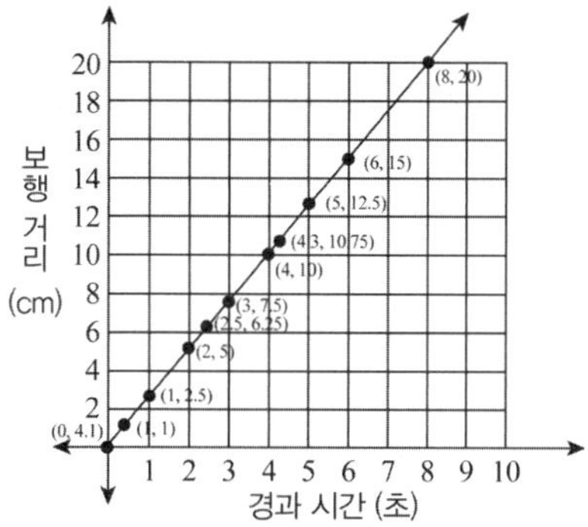

[그림 2.1] 동치인 비의 집합으로 나타낸 일차함수 표현들

1장에서 제시한 피에로와 개구리를 소재로 한 속력 맥락을 다시 살펴보면, 비례성과 선형성의 관계를 탐색하는 데 도움이 될 수 있다. 한 학급의 학생들이 SimClac Mathworlds 소프트웨어가 제공되는 컴퓨터 화면을 보고 있는데, 화면에는 두 등장인물(피에로와 개구리)이 보인다. 피에로는 4초에 10cm를 걷도록 설정되어있다. 학생들이 4초에 10cm를 걷는 속력을 표현하는 거리－시간의 순서쌍을 생성하기 위해 1장에서 소개한 추론을 사용했다고 가정해보자. [그림 2.1]에 보이는 이 자료의 그래프는 2.5cm/초와 동일한 속력의 무수히 많은 시간－거리의 순서쌍을 표현한다. 학생들은 표에 제시된 거리－시간의 순서쌍들을 다음과 같이 표현할 수 있다. {(4, 10), (8, 20), (12, 30), (2, 5), (6, 15), (1, 2.5), (3, 7.5), (5, 12.5), (2.5, 6.25), (0.4, 1), (4.3, 10.75)}. 학생들은 필수 이해 2의 아이디어를 적용하여 다시 순서쌍을 비로 인식할 수 있다. 학생들은 각각의 y값이 대응되는 x값의 몇 배인지 생각함으로써 곱셈비교로 비를 만들 수 있다. 예를 들어, 순서쌍 (4, 10)에서 10은 4의 2.5배이다.

> **필수 이해 2**
> 비는 두 양을 곱셈으로 비교하거나, 두 개의 양을 하나의 합성단위로 합친 것이다.

대안적으로 학생들은 합성단위로 비를 형성할 수 있다. 예를 들어, 학생들이 순서쌍 (2, 5)로부터 합성단위를 만든다면 2 : 5에 조작을 가함으로써 집합 안의 다른 순서쌍을 생성할 수 있다. 예를 들어, 합성단위 2 : 5를 4개의 동일한 부분으로 분해함으로써 (2.5, 6.25)로 표현되는 비를 얻을 수 있다. 그래서 학생들은 각 부분을 합성단위 0.5 : 1.25로 인식할 수 있다. 그리고 (2.5, 6.25)로 표현할 수 있는 비 2.5 : 6.25를 얻기 위해 두 비 0.5 : 1.25와 2 : 5를 결합할 수 있다. 따라서 학생들 또한 동일한 속력을 표현하는 순서쌍의 집합을 동치인 비의 무한집합으로 인식할 수 있다.

$$\frac{10}{4}=\frac{20}{8}=\frac{30}{12}=\frac{5}{2}=\frac{15}{6}=\frac{2.5}{1}=2.5=\frac{7.5}{3}$$
$$=\frac{12.5}{5}=\frac{6.25}{2.5}=\frac{1}{0.4}=\frac{10.75}{4.3}=\ldots.$$

2) 대수방정식

학생들이 선형성과 비례성의 연결을 볼 수 있는 또 다른 방법은 시간과 거리를 관련짓는 방정식을 세우는 것이다. 예를 들어, x는 소요시간, y는 이동거리를 나타내는 $y=2.5x$와 같은 방정식을 세우는 것이다. 양 변을 x로 나누어 한 변에 2.5만 남기게 되면 $\frac{y}{x}=2.5$가 된다. 비, 비례, 비례추론과 관련된 중요한 이해를 개발하고 있는 학생들은 이 방정식이 위에서 본 동치인 비의 집합을 표현한다는 것을 깨달을 것이다. 즉, x값에 대한 y값의 비가 2.5와 동치인 비의 집합임을 깨달을 것이다.

방정식 $y=2.5x$ 또한 비의 측면에서 *정비례*로 해석될 수 있다. 하나의 해석은 각각의 y값은 대응하는 x값의 2.5배이다. 이와 같은 방식으로 방정식을 해석하는 것은 x값에 대한 y값의 곱셈비교로 비를 형성하는 것과 같다. 방정식 $y=2.5x$의 두 번째 해석은 2.5를 피에로가 1초 동안 이동한 거리로 보는 것이다. 그러면 이동한 총거리는 피에로가 이동하는 데 소요한 시간에 2.5cm를 곱하는 것이다. 예를 들어, 순서쌍 (6, 15)은 6초 동안 피에로는 매초 2.5cm를 이동했음을 의미한다. 이것은 2.5 × 6=15으로 표현된다. 학생들은 합성단위를 이용한 추론을 통해 이러한 해석을 할 수 있다. 예를 들어, 원래의 합성단위 10 : 4를 4개의 동일한 부분으로 분할하면 각 부분은 1초에 2.5cm의 이동을 뜻한다. 2.5 : 1을 6번 반복하면 6초에 15cm가 된다. 비례성과 선형성 사이의 연결은 *공변량*을 강조한다. 거리와 시간의 양이 연속적으로 동시에 변하면서, 2.5cm/초라는 불변의 비는 보존된다.

3) $y=mx+b$ 형태의 일차함수

일차함수는 $y=mx+b$의 형태로 표현될 수 있다. 게다가 $y=mx+b$는 $y=mx$에 y축으로 b만큼 평행이동이 결합된 것으로, 비례성을 표현한 것이다. 속력 맥락에서 이러한 아이디어를 발달시키기 위해, [생각해보기 2.1]은 집으로부터 특정 거리만큼 떨어진 지점에서 출발하는 토끼의 상황을 도입한다.

생각해보기 2.1

토끼가 집으로부터 4cm 떨어진 지점에서 걷기 시작해, 3초 후 집으로부터 11.5cm 떨어진 지점에 도착한다고 가정해보자. "집으로부터 떨어진 거리"와 이동한 시간 사이의 순서쌍을 몇 개 만들어라. 단, 토끼는 일정한 속력으로 걷는다.

이 상황에 접근하기 위한 하나의 방법은 토끼가 처음 3초 동안 이동한 거리를 고려하는 것이다. 이 거리는 3초 후 집으로부터 떨어진 거리와 처음에 집으로부터 떨어진 거리 사이의 차이다. 즉, 11.5−4 또는 7.5 cm이다. 토끼의 속력을 구하기 위해 이동한 시간에 대한 이동한 거리의 합성단위 또는 7.5 : 3을 만들 수 있다. 7.5 : 3을 세 개의 동일한 부분으로 분할함으로써 1초 동안 이동한 거리를 구할 수 있다. 7.5cm를 3개의 동일한 부분으로 분할함으로써 각 부분은 2.5cm가 되고, 3초를 3개의 동일한 부분으로 분할함으로써 각 부분은 1초가 된다. 따라서 토끼는 1초에 2.5cm를 이동한다. 토끼가 시간이 지남에 따라 집으로부터 얼마나 멀리 이동했는지 구하기 위해 이 단위비를 이용할 수 있다. 토끼는 4초 후 집으로부터 2.5cm 더 멀어졌을 것이다. 즉, [그림 2.2]에서와 같이 집으로부터 11.5+2.5 또는 14cm 떨어진 지점에 있을 것이다.

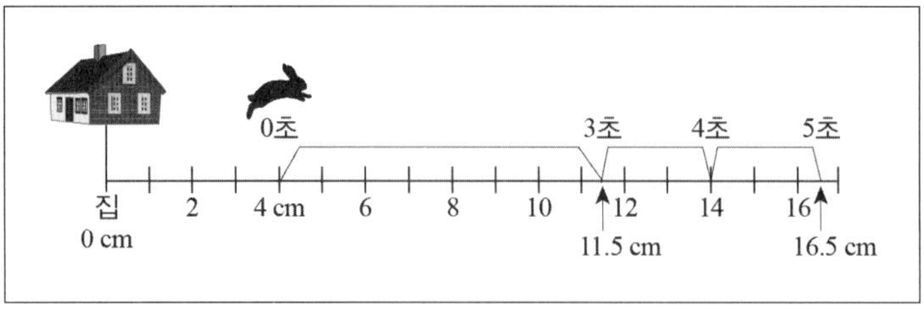

[그림 2.2] 집으로부터 4cm 떨어진 지점에서 걷기 시작해 같은 속력으로 이동하는 토끼

이런 방식으로 계속하게 되면 [그림 2.3]과 같은 표를 만들 수 있다. 이 그림은 피에로의 움직임에 대한 거리와 시간을 보여주는 $y = 2.5x$의 그래프(직선 A)와 같은 좌표평면 위에 토끼의 이동에 대한 값의 그래프(직선 B)를 보여준다. 두 그래프를 함께 보여주게 되면 두 함수의 중요한 관련성과 차이점을 강조할 수 있다. 첫째, 직선 B는 직선 A를 y축 방향으로 4만큼 평행이동한 것이다. 따라서 직선 A의 방정식이 $y = 2.5x$이기 때문에, 직선 B의 방정식은 $y = 2.5x + 4$가 된다. 임의의 x값에 대해, 직선 B에서 대응되는 y의 값은 직선 A에서 대응되는 y의 값보다 4만큼 더 크다. 예를 들어, $x = 4$일 때(즉, 4초가 지났을 때) 직선 A에 표현된 상황에서 10cm 이동했으며(4 × 2.5=10), 집으로부터 10cm 떨어진 지점에 있다. 4초 후 직선 B에 표현된 상황에서 토끼는 똑같이 10cm 이동했지만 집으로부터 14cm 떨어진 지점에 위치한다(4 × 2.5 + 4).

경과 시간(초)	보행 거리(cm)
0	4
3	11.5
1	6.5
4	14
5	16.5
6	19
2	9
8	24
2.5	10.25

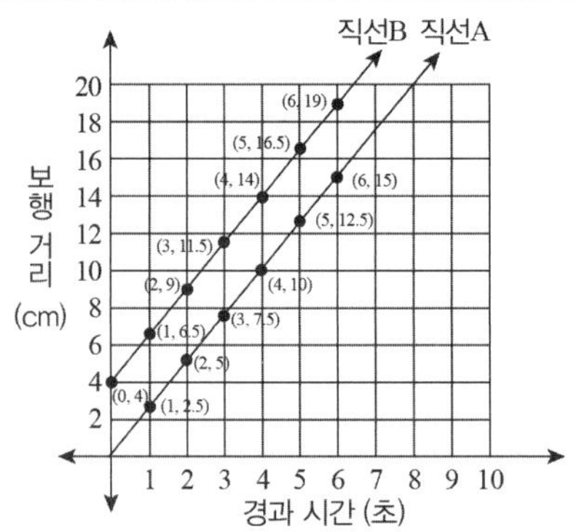

[그림 2.3] 집으로부터 4cm 떨어진 지점에서 걷기 시작해 같은 속력으로 이동하는 토끼에 대한 표와 그래프

그래프를 조사하게 되면 두 함수 사이의 두 번째 중요한 차이점을 발견하는 데 도움이 된다. 직선 A에 표현된 관계는 정비례이지만 직선 B에 표현된 관계는 그렇지 않다. 특히, 직선 A 위의 임의의 두 순서쌍이 $\frac{a}{b}$배의 관계가 있는지 알아보기 위해 1장에서 살펴본 필수 이해 7을 적용할 수 있다. 예를 들어, 직선 A 위의 두 순서쌍 (8, 20)과 (4, 10)은 2배의 관계에 있다. 직선 A 위의 점 (8, 20)의 x좌표와 y좌표 모두 (4, 10)의 각 좌표를 2배한 것과 같다. 이러한 2배의 관계는 직선 B 위의 점들에 대해서는 성립하지 않는다. 예를 들어, (8, 24)의 x좌표는 (4, 14)의 x좌표를 2배한 것이지만, y좌표에 대해서는 이러한 관계가 성립하지 않는다. 24는 14의 2배가 아니다.

마지막으로, 직선 A 위의 점들에 대해 x값에 대한 y값의 비를 구함으로써 모든 점들이 토끼의 속력을 표현하는 것으로 볼 수 있다. 직선 B에 대해서는 이것이 가능하지 않다. 토끼의 속력을 구하기 위해 두 점이 필요하다. 이에 대해서는 이어지는 기울기에 대한 부분에서 좀 더 살펴본다.

> **필수 이해 7**
> 비례추론은 복합적이고, 다음과 같은 이해 과정을 포함한다.
> - 합성단위를 반복하거나 분할하여 동치인 비를 만들 수 있다.
> - 비례관계를 유지하려면 비에서 한 양을 특정 수로 곱하거나 나눈 만큼, 다른 양도 그 수로 곱하거나 나누어야 한다.
> - 두 가지 유형의 비 즉, 합성단위와 곱셈비교는 서로 관련되어 있다.

4) 기울기

함수의 기울기는 어떤 양의 변화에 대한 다른 양의 변화의 비율로 함수 관계의 두 양은 함께 변한다. 필수 이해 8은 *비율*을 동치인 비의 집합으로 표현했다. 직선 위의 두 점 (x_1, y_1)과 (x_2, y_2)에 대한 기울기 공식은 보통 다음과 같이 표현된다.

> **필수 이해 8**
> 비율은 무한개의 동치인 비의 집합이다.

$$m = \frac{y_2 - y_1}{x_2 - x_1}$$

좀 더 구어적으로 표현하면 다음과 같다.

$$m = \frac{\text{세로 이동거리(rise)}}{\text{가로 이동거리(run)}}$$

그러나 $y = mx$ 형태의 직선의 기울기를 구하기 위해 반드시 기울기 공식을 사용해야 하는 것은 아니다. 예를 들어, [그림 2.3]의 직선 A의 기울기를 구하기 위해 임의의 점에서 x값에 대한 y값의 비를 구하면 된다. (4, 10)을 사용하여 비 10 : 4 또는 $\frac{10}{4}$을 만들 수 있다. (8, 20)을 사용하여 비 20 : 8 또는 $\frac{20}{8}$을 만들 수 있다. 동치인 비의 집합을 만들면 된다. 이 함수의 기울기의 관습적 표현은 2.5이지만, 집합의 모든 원소들의 값은 동치이기 때문에 임의의 원소를 이용해 기울기를 표현할 수 있다. 사실 직선 A 자체가 기울기를 표현한 것으로 생각할 수 있다. 왜냐하면 이 직선의 기울기는 무한개의 동치인 비의 집합이기 때문이다. 즉, 기울기는 비율이다.

$y=mx+b$ 형태의 직선의 경우 x값과 y값의 차로 기울기를 직접 구하는 것은 필수적이다. [그림 2.3]의 직선 B로 모델링된 토끼의 이동에 대한 비형식적 추론이 기울기 공식과 어떻게 연결되는지 살펴보자. 이 "유리한 출발(head start)" 상황에서 함수의 기울기는 토끼의 속력에 대한 측정이다. 속력은 이동한 시간에 대한 이동한 거리의 비이다. 직선 B의 그래프에서 임의의 두 점, 예를 들어 (4, 14)와 (6, 19)를 선택해보자. 첫 번째 점은 토끼가 4초 후에 집으로부터 14cm 떨어져 있다는 것을 나타내고, 두 번째 점은 6초 후에 집으로부터 19cm 떨어져 있다는 것을 나타낸다. 이동 시간은 $6-4$, 즉 2초이다. 이 시간 동안 이동한 거리는 $19-14$, 즉 5cm이다. 따라서 토끼의 속력은 2초에 대한 5cm의 비로 2.5cm/초와 같다. 이러한 비형식적 접근은 기울기 공식의 응용으로 볼 수 있다.

$$m=\frac{y_2-y_1}{x_2-x_1}=\frac{(19-14)\text{cm}}{(6-4)\text{초}}=\frac{5\text{cm}}{2\text{초}}=2.5\text{cm}/\text{초}$$

대비되는 예들은 하나가 선형성과 비례성을 연결되고 다른 하나가 연결되지 않을 때 기울기에 대한 두 학생의 이해를 간단하게 보여준다. 7학년의 차니스와 헥터는 수영장에 물을 채우는 문제를 해결하고 있다. 맥락에 대해 이해한 후 이들에게 [그림 2.4]의 그래프를 보여주었다. 그래프는 시간의 흐름에 따른 수영장의 물의 양을 나타내는데 3분 후에는 6갤런, 5분 후에는 10갤런, 9분 후에는 18갤런이 담겨 있음을 나타낸다. 학생들에게 직선의 기울기를 구하도록 하였다. 차니스는 기울기 공식

$$m = \frac{\text{세로 이동거리}}{\text{가로 이동거리}}$$

을 정확하게 적었다.

이어서 (0, 0)과 (3, 6)을 연결하는 "계단"을 직선 아래에 그렸다. 그러나 차니스는 "세로 이동거리"와 "가로 이동거리"를 결정할 때 물과 시간의 양을 무시했다. 특히, 차니스는 계단의 밑변에 따라 놓인 3개의 상자와 계단의 높이에 따라 놓인 2개의 상자를 세고 기울기로 $\frac{2}{3}$를 적었다. 차니스는 (3, 6)과 (5, 10)을 이용하여 이 과정을 반복했다. 차니스는 두 번째 계단의 밑변을 따라 놓인 2개의 상자를 세어 가로 이동거리를 찾고 계단의 세로로 놓인 상자의 수를 1로 어림하여 세로 이동거리를 정했다. 그녀는 두 번째 기울기를 $\frac{1}{2}$로 적었다. 그녀는 "기울기가 서로 다른 값을 갖기 때문에" 이 기울기는 적절하지 않다고 좌절하였다. 그리고 이 직선의 기울기는 변한다고 결론 내렸다. 변하지 않는 기울기를 갖는 직선을 그리도록 했을 때, 그녀는 그 그래프 위에 하나의 점을 찍고 위로 4만큼 옆으로 2만큼 가서 새로운 점을 찍고 위로 4만큼, 옆으로 2만큼 가서 또 점을 찍어서 그 점들을 연결하였다. 이러한 과정은 그녀가 선형성과 비례성을 연결하는 데 실패했음을 보여준다. "세로 이동거리"와 "가로 이동거리"의 값의 변화에도 불구하고 그녀는 기울기를 변하지 않는 비와 연결하는 대신 동일한 크기의 계단과 연결하였다.

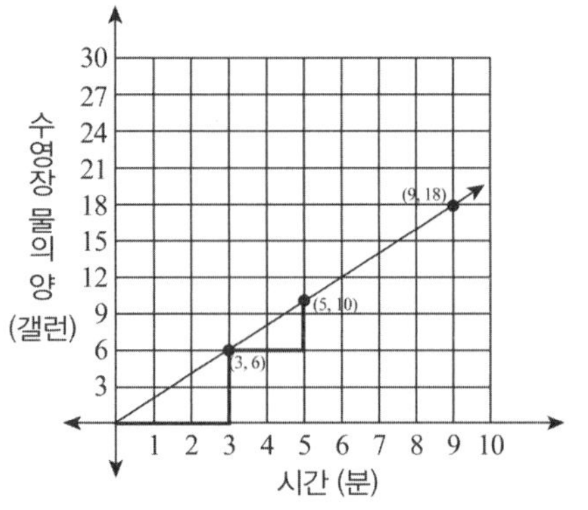

[그림 2.4] 직선의 기울기를 구하는 학생의 활동에 대한 저자의 표현

반면, 헥터는 기울기가 2라고 정확하게 답하였다. 물론 헥터에게 기울기 공식을 아직 지도하지 않았지만, 그는 그래프 위의 점들이 나타내는 수영장에 채워지는 물의 양과 소요 시간 사이의 관계에 대해 사고함으로써 기울기에 대해 적절하게 추론할 수 있었다. 헥터는 시간에 2를 곱하면 물의 양을 구할 수 있다고 설명하면서 $T \times 2 = G$라고 적었다. 2의 의미에 대해 물었을 때, 그는 “2는 속력을 표현한다. 또는 1분마다 얼마나 많이, 1분 동안 2갤런 정도 있는 것이다”라고 대답했다. 그리고 그는 19분 후, 1시간 후, 6.5분 후 수영장에 있는 물의 양을 정확하게 예측하기 위해 방정식을 사용했다. 헥터의 추론은 물의 양과 시간 사이의 관계에 초점을 맞추고 있다. 그리고 펌프가 얼마나 빨리 물을 채우는지 측정한 것으로 기울기를 해석하고 있으며, 1분당 2갤런의 비율로 채워지는 불변량으로 해석하고 있다.

02 비례추론에 근거한 측정

비례추론은 측정을 이해하는 핵심이다(Lehrer, 2003). Thompson과 Saldanha(2003)는 측정을 “사물의 수”가 아니라 비의 비교로 인식하는 것이 중요함을 강조한다. 측정을 “사물의 수”로 인식하는 것은 3인치를 3개의 작은, 소위 “인치”라 불리는 “길이”로 생각하고 있는 것이다. 반면, 측정을 비의 비교로 인식하기 위해서는 3인치를 1인치 길이의 3배로 생각해야 한다.

측정이 되는 대상의 길이와 측정의 특정한 단위 사이의 곱셈비교는 측정 단위가 변하는 상황에서 매우 중요하다. 6피트인 사람의 키를 측정한다고 가정해보자. 비의 비교로서 이 남자의 키는 측정 단위 1피트의 6배이다. 이 남자의 키를 측정하기 위해 사용하는 단위가 피트에서 인치로 변한다면, 1인치에 대한 1피트의 비가 12 : 1 임을 알아야 한다. 즉, 1피트는 1인치의 12배이다. 그리고 측정 단위가 변해도 이 비는 불변이라는 것을 알아야 한다. 그 남자의 키가 1피트의 6배이고, 1피트는 1인치의 12배이기 때문에, 이 남자의 키는 6 × 12, 또는 1인치의 72배이다. 따라서 이 남자의 키는 72인치이다.

측정에 대한 사고방식은 당연히 비례적이다. 반대로 Thompson(1994)은 자동차의 속력을 일세기동안 움직인 거리로 측정할 수 있는지를 묻는 문제에 대해 5학년 학생의 반응을 열거했다. 한 학생은 "아니다. 왜냐하면 당신이 죽거나 차가 한 세기가 지나기 전에 녹슬어 버릴 것이기 때문이다"(p.179)라고 대답했다. 이 학생의 대답은 측정되는 것과 측정을 혼동해서 측정을 비의 비교로 인식하지 못함을 보여준다.

03 초등학교에서 비례추론의 토대

초등학교에서 학생들은 수와 연산, 특히 분수와 곱셈에 대한 깊이 있고 융통성 있는 의미를 발달시켜야 한다. 수와 연산은 중학교에서 비, 비례, 비례추론을 이해하는 중요한 토대가 된다.

1) 분수 의미에 기초하기

비례추론 발달을 위한 선결조건으로 학생들은 $\frac{2}{3}$와 같은 분수를 "$\frac{1}{3}$의 2배"로 인식할 수 있어야 한다. 일반적으로 표현하자면 분수 $\frac{a}{b}$는 "$\frac{1}{b}$의 a배"이다. 그러나 초등학교 학생들은 종종 $\frac{2}{3}$와 같은 분수를 단지 "세 부분 *중에서* 두 부분"으로 생각한다. 학생들이 단지 분수의 "~ 중에서"의 개념만 가지고 있을 때 종종 가분수를 해석하는 데 어려움을 겪는다. 예를 들어, 학생들은 $\frac{4}{3}$는 "3개 중에서 4개를 가질 수 없기 때문에" 이치에 어긋난다고 주장한다. 반면 $\frac{4}{3}$가 "$\frac{1}{3}$의 4배"인 것을 의미한다면 이것은 이치에 맞는다. 왜냐하면 $\frac{1}{3}$을 임의의 수만큼 가질 수 있기 때문이다. 예를 들어, $\frac{1}{3}$의 6배를 가진 사람은 $\frac{1}{3}$의 3배의 2배를 만들 수 있다. 그래서 2를 만들 수 있다.

분수 $\frac{a}{b}$를 "b개 중에서 a개"가 아니라 "$\frac{1}{b}$의 a배"로 해석하는 것은 비를 곱셈비교로 인식하는 데 있어 핵심이다. 예를 들어, 3에 대한 7의 곱셈비교는 7이 3의 몇 배인가를 결정하는 것을 포함한다. 이것은 어려운 비교이기 때문에 그 대신 1에 대한 7의 비교를 생각하는 것이 좋다. 분명히 7은 1의 7배이다. 그러나 1은 또한 3의 $\frac{1}{3}$이다(그림 2.5 참고). 따라서 7은 (3의 $\frac{1}{3}$)의 7배이다. 이것은 7은 3의 $\frac{7}{3}$이라고 말하는 것과 같다. 왜냐하면 $\frac{7}{3}$은 $\frac{1}{3}$의 7배를 의미하기 때문이다. 요약하자면 7과 3 사이의 곱셈비교를 하는 하나의 방법은 $\frac{7}{3}$을 $\frac{1}{3}$의 7배로 이해하는 것에 달려 있다.

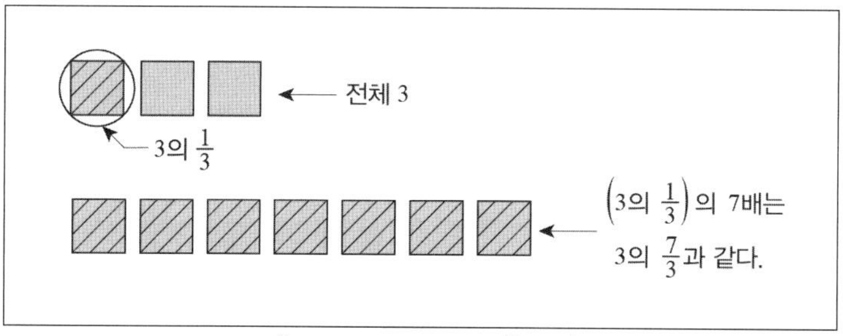

[그림 2.5] 7이 3의 $\frac{7}{3}$임을 보이기 위해 $\frac{7}{3}$을 $\frac{1}{3}$의 7배로 해석하기

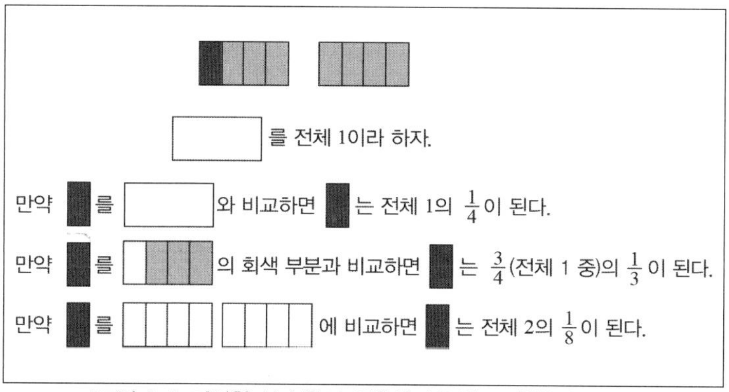

[그림 2.6] 다양한 분수들이 검은색 영역을 표현할 수 있다.

분수 지식은 비례성에 대한 또 다른 필수 이해, 즉 비례는 두 비 사이의 동치관계임을 가리키는 필수 이해 6을 뒷받침한다. 다시 말해, 비례관계에서는 불변인 무언가가 존재한다. 초등학교 교사는 학생들이 서로 다른 분수로 특정한 양을 표현하는 방법을 탐구하도록 함으로써 불변성에 대한 이해를 독려할 수 있다. 예를 들어, [그림 2.6]에서 검은색 영역을 살펴보자. 그림과 같이 동일한 영역을 1의 $\frac{1}{4}$, 2의 $\frac{1}{8}$, $\frac{3}{4}$의 $\frac{1}{3}$과 같이 *서로 다른* 분수로 나타낼 수 있다. 따라서 분수는 양이 아니다. 분수는 두 양 사이의 *관계* 또는 곱셈비교이다. 게다가 이들 세 표현 모두에서 불변인 무언가가 존재한다. 각각은 4에 대한 1의 비를 표현한다.

> **필수 이해 6**
> 비례는 두 비 사이의 동치관계이다. 비례한다는 것은 두 양의 값이 변화해도 그 두 양이 이루는 비는 일정하다는 뜻이다.

2) 곱셈 의미에 기초하기

비례추론을 위해 분수의 특정 개념들이 다른 개념들보다 좀 더 강력한 것처럼, 곱셈에 대한 특정 방식의 사고가 비례추론의 발달에 도움이 된다. 특히 반복된 덧셈 개념 이상으로 확장되는 곱셈 개념은 비례추론의 핵심이다. 학생들이 곱셈을 반복된 덧셈으로 해석한다면 학생들은 5×6을 $6+6+6+6+6$을 의미하거나 또는 6이 5번임을 의미한다고 생각할 것이다. 연구에 따르면 곱셈을 단지 반복된 덧셈으로 이해하게 되면 학생들은 개념적 장애를 겪을 수 있다(Steffe, 1994). 예를 들어, $\frac{1}{2}\times 6$에 대해 6을 $\frac{1}{2}$번 더하는 것으로 해석하거나 $5\frac{2}{3}\times 6$을 6을 $5\frac{2}{3}$번 더하는 것으로 해석하는 것은 상식에 맞지 않는다. 5×6을 "6의 5배" 또는 "5그룹의 6"과 같이 다르게 해석함으로써 학생들은 $5\frac{2}{3}\times 6$을 "6의 $5\frac{2}{3}$배" 또는 "5그룹의 6과 $\frac{2}{3}$ 그룹의 6"으로 의미 있게 해석할 수 있다. 5가 6개이면 30이다. 그리고 6의 $\frac{2}{3}$는 6의 $\frac{1}{3}$의 2배이다. 이것은 2의 2배 또는 4이다. 따라서 $5\frac{2}{3}\times 6=34$이다. 이러한 사고는 분배법칙에 의해 증명된다.

$$\left(5+\frac{2}{3}\right)\times 6=(5\times 6)+\left(\frac{2}{3}\times 6\right)$$

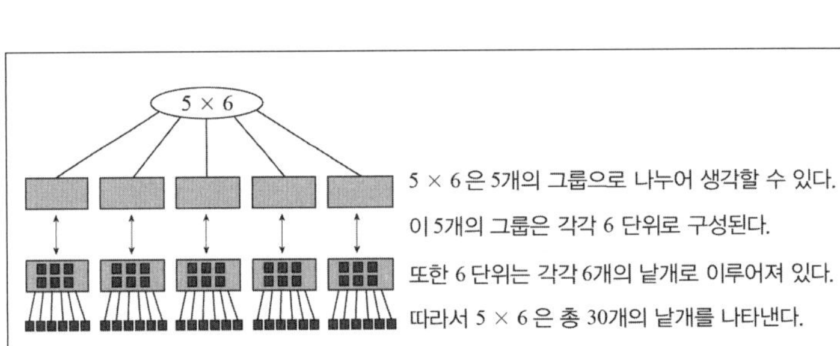

[그림 2.7] 5 × 6 곱셈에서 "그룹"의 해석

곱셈에서 "그룹" 개념은 곱셈을 반복된 덧셈으로 보는 개념과 구분되는 중요한 개념이다. 반복된 덧셈에서 학생들은 단지 하나라는 단위만을 다룬다. “그룹” 개념에서 곱셈은 단위들의 단위에 대한 조정을 다룬다(Clack과 Kamil, 1996). 이것은 학생들의 중요한 개념적 성취를 표현하는 활동이다. 이러한 사고를 위해 곱셈에서 비례성을 파악해야 한다. 예를 들어, 학생들이 5×6을 덧셈의 반복으로 본다면 학생들은 하나의 단위들을 연속적으로 합할 것이다. 6개의 단위 더하기 6개의 단위는 12개의 단위가 된다. 여기에 6개의 낱개를 더하면 18개가 된다. 반면, 5×6을 5개의 6이 있는 것으로 볼 수 있다(그림 2.7 참고). 맨 위에 6으로 구성된 5개의 단위가 있다. 그 아래에 1이 단위인 6이 그룹을 형성하고 있는데, 이 그룹은 6개의 낱개로 분리되거나 다시 낱개의 6개로 모아질 수 있다. 가장 아래에 30개로 된 하나가 있다.

곱셈에서의 “그룹” 개념은 비례추론에서 중요하다. 예를 들어, 수 p를 5배하는 경우 학생들은 (그림 2.7에서처럼) 맨 위에 임의의 크기의 그룹으로 5그룹 각각을 생각할 수 있다. 예를 들어, 5×4는 4의 5그룹을 의미하고 $5\times2\frac{3}{7}$은 $2\frac{3}{7}$의 5그룹을 의미하며 $5\times p$는 p의 5그룹을 의미한다. 학생들은 5×6을 6을 5배 한 하나의 양으로 해석할 수 있다. 역으로 학생들은 6을 5×6의 $\frac{1}{5}$로 인식할 수 있다. 마찬가지로 학생들은 $5p$가 p로 표현되는 양을 5배 한 양을 표현한다는 것을 이해할 수 있으며, p는 $5p$의 $\frac{1}{5}$임을 이해할 수 있다(Thompson과 Saldanha, 2003).

이러한 사고는 학생들이 대수에서 기호 표현을 해석하는 데 도움이 된다. 예를 들어, 학생들은 일차함수 $y=2.5x$를 다음과 같이 해석할 수 있다. $2.5x$는 x로 표현되는 양을 2.5배 한 양을 표현한다. 이것은 비례추론의 표현이다. y는 $2.5x$와 같기 때문에 곱셈의 “그룹” 해석은 학생들이 비를 y값과 x값 사이의 곱셈관계로 인식할 수 있도록 해준다.

04 결론

비례추론은 초·중·고등학교의 다양한 주제와 개념적으로 연결된다. 비례성은 측정뿐만 아니라 기울기와 일차함수를 이해하는 핵심이다. 게다가 비례추론은 초등학교에서 학생들이 수와 연산에 대해 발달시킨 의미에 기초한다. 본 장에서는 분수 $\frac{a}{b}$를 $\frac{1}{b}$의 a배로 해석하는 것과 곱셈의 "그룹" 해석의 중요성을 명확히 하였다. 두 가지 모두 비례추론의 발달을 위해 의미하는 바가 크다.

제3장

도전 : 학습, 교수, 평가

비례추론의 발달은 필수 변화를 통해 학생들의 사고를 확장해가는 과정이다. 이 장은 먼저 학생들의 학습 단계에 대해 논의하고 이를 통해 학생들을 도울 수 있는 교수법을 제안한다. 학생들의 비례추론 과정을 이해한다면, 그 과정을 자연스럽게 평가할 수 있을 것이다. 이 장의 나머지 부분은 평가의 역할, 문제 유형의 상세화, 비례추론의 다양한 수준을 평가하는 방법들을 논의한다.

01 학생들이 비례추론을 할 때의 변화

비례적으로 추론하는 학습은 시간이 흐르면서 천천히 된다. 학생들은 비를 형성하고 비례추론하며, 비율을 만들고 이해하는 과정에서 여러 차례 사고의 변화를 겪게 된다. 아래에 제시된 논의는 학생들의 비례추론이 발달하도록 하기 위한 4가지 중요 변화를 중심으로 이러한 변화를 성공시키기 위한 방법을 상세하게 설명하며, 현재 학생들의 이해를 평가한다.

1) 변화 1 - 하나의 양에서 두 가지 양으로

학생들이 비로 추론할 수 있기 전에는 단지 하나의 양에 초점을 맞춘다. 학생들이 동시에 두 가지 양을 설명할 필요가 있다는 것을 인지하는 중대한 변화를 할 수 있도록 두 가지 양을 관련시킬 수 있는 문제를 제공하여 동기를 부여할 수 있다. [그림 3.1]은 학생들이 하나의 속성을 분리하는 과정에서 두 가지 양에 주의를 기울이도록 요구하는 복합적인 상황(Ellis,

변화 1
학생들은 하나의 양에 초점을 두는 것에서 두 가지 양이 중요함을 인식하는 쪽으로 변화해야한다.

2007)을 예로 보여준다. 생각해보기 3.1에 제시된 문제를 스스로 해결해보자.

[연결된 톱니바퀴]
8개의 톱니로 된 작은 톱니바퀴와 12개의 톱니로 된 큰 톱니바퀴가 연결되어 있다.

1. 작은 톱니바퀴가 시계 방향으로 움직인다면, 큰 톱니바퀴는 어느 방향으로 움직이겠는가? 그 이유는 무엇인가?
2. 작은 톱니바퀴가 움직일 때, 큰 톱니바퀴는 더 많이 회전하는가, 적게 회전하는가 아니면 같은 양만큼 회전하는가?
3. 작은 톱니바퀴의 회전수를 기록하는 방식을 찾아라. 큰 톱니바퀴의 회전수를 기록하는 방식을 찾아라. 두 톱니바퀴의 회전수를 동시에 기록하는 방법은 무엇인가?

[그림 3.1] 연결된 두 개의 톱니바퀴에 대한 문제

생각해보기 3.1

[그림 3.1]에서 연결된 톱니바퀴 문제를 해결하여라.
a. 이 문제에 포함된 속성은 무엇인가?
b. 여러분의 학생들이 이 문제를 해결할 때 예상되는 어려움은 무엇인가?

> tip
> 학생들이 변화 1을 경험하도록 하려면, 복합적인 양이 제시된 상황에서 하나의 속성을 분리할 수 있도록 동기를 제공하는 문제를 제시하여라.

7학년 학생들로 구성된 한 그룹은 톱니바퀴로 직접 활동하면서 이 문제를 해결하였다(Ellis, 2007). 학생들은 재빨리 한 톱니바퀴의 회전이 다른 톱니바퀴의 회전에 좌우됨을 생각해냈다. “이것이[작은 톱니바퀴] 돌아갈 때마다 이것이[큰 톱니바퀴] 돌아가야만 하는데, 작은 톱니바퀴가 큰 톱니바퀴를 제어하고 있기 때문이에요” 이 문제에 포함된 속성은 *톱니바퀴 비*라고 부르는 것이다. 1번과 2번의 답을 찾은 다음, 학생들은 큰 톱니바퀴의 톱니 중 한 군데와 작은 톱니바퀴의 톱니 중 한 군데에 스티커를 붙이기로 결정하였다. 학생들은 스티커가 만나도록 위치시키고 스티커들이 다시 만날 때까지 톱니바퀴를 돌렸다. 큰 톱니바퀴가 2번 돌아가는 동안 작은 톱니바퀴가 3번 돌아갔다.

2) 변화 2 - 덧셈비교에서 곱셈비교로

7학년 학생들이 연결된 톱니바퀴 문제에서 두 톱니바퀴의 회전을 비교하는 방법은 비례추론으로 향하는 두 번째 변화를 할 수 있는지 보여준다. 다니라는 학생은 다음 방식으로 두 톱니바퀴의 회전수를 비교하였다.

> 이것[작은 톱니바퀴]을 세고 나면 3번 돌아요, 돌아요, 보세요, 1, 2, 3. 이것은[큰 톱니바퀴] 결국 다시 만나게 되요. 2번만 돌아요. 그리고 이건 3번 돌아요. ..... 또는 다른 방법을 쓰면 S－1=B가 되요.

다니는 S－1=B를 쓰고 두 톱니바퀴의 회전수를 곱셈으로 비교하는 대신에 덧셈으로 비교한다. 덧셈으로 비교하는 것은 비로 추론하지 않는 학생들에게 자연스럽다. 사실 덧셈추론에서 곱셈추론으로의 변화는 학생들에게 또 다른 중요한 변화이다.

학생들이 덧셈비교에서 비로 비교하는 것을 도와주는 한 가지 방법은 연결된 톱니바퀴 문제와 같은 문제를 제시하는 것이고, 하나 이상의 같은 현상에 관한 예에 주목하도록 하는 것이다. 더욱이 학생들이 복합적인 비를 개발하도록 동기를 제공하는 문제를 제시할 수 있어야 한다. 위와 같은 교실 논의에서 교사는 학생들이 덧셈으로 회전수를 비교할 수 있음을 예상하

변화 2
학생들은 덧셈비교에서 두 양 사이의 비를 세우는 것으로 변화해야 한다.

tip
학생들이 변화 2를 경험하도록 하려면, 그들의 현재 비례추론을 판단하고 보다 복합적인 이해를 하도록 도울 수 있는 적절한 학습상황을 만들어라.

고 결국 다음과 같은 질문을 준비해야 한다.

> 여러분은 작은 톱니바퀴가 3번 돌아갈 때, 큰 톱니바퀴는 2번 돌아간다는 것을 알았어요. 두 톱니바퀴가 회전할 때 또 다른 회전수의 순서쌍은 무엇이 있을까요?

여러분의 학생들이 현재 이해하고 있는 것을 평가하고 학생들이 경험하였을 잠재적인 어려움을 예상함으로써, 비례상황에 대한 깊은 이해를 개발하는 데 도움이 되는 과제를 설계할 수 있다.

교사의 질문에 답하기 위해 다니와 그녀의 친구는 톱니바퀴를 계속 회전시켰다. 학생들은 큰 톱니바퀴가 4번 그리고 작은 톱니바퀴가 6번 돌 때 스티커가 다시 만나고, 큰 톱니바퀴가 6번 그리고 작은 톱니바퀴가 9번 돌 때 스티커가 다시 만난다는 것을 관찰하였다. 결국 학생들은 톱니바퀴 A(작은 것)와 톱니바퀴 B(큰 것)의 회전수를 나타내기 위하여 [그림 3.2]와 같이 가장 작은 쌍(3, 2)에서 시작하여 계속 2배를 하였다.

톱니바퀴 A (작은 것)	톱니바퀴 B (큰 것)
3	2
6	4
12	8
24	16
48	32
96	64
192	128

[그림 3.2] 두 톱니바퀴의 톱니에 붙인 스티커가 다시 만날 때까지의 회전수

학생들이 덧셈추론으로부터 변화할 때, 처음에는 곱셈비교보다 합성단위를 만들었다. 예를 들어, 톱니바퀴의 다른 회전수의 순서쌍에 관한 교사의 질문에 대답할 때 도라는 다음 설명을 제시하였다.

> 8개의 톱니와 12개의 톱니가 있다고 한다면 계속 이런 방식으로 하면 돼요. 그래서 8과 12의 배수를 찾으면 돼요. 만약 그렇다면 작은 것이 3번 돌고 큰 것이 2번, 작은 것은 6번, 큰 것은 4번, 12와 8, 24와 16, 48과 32, 96과 64, 192와 128을 얻을 수 있어요.

도라는 두 개의 양, 즉 작은 톱니바퀴의 3회전수와 큰 톱니바퀴의 2회전수를 3 : 2라는 합성단위로 만들었다. 그 다음 비 관계를 유지하기 위하여 양쪽의 양에 2를 곱함으로써 단위 3 : 2를 반복하였다.

학생들이 이러한 방법을 반복하도록 하는 다음 예를 생각해 보자.

> 어떤 지도의 축적은 10cm가 실제로 4mile을 나타내고 있다. 지도상의 거리와 실제 거리의 순서쌍을 가능한 한 많이 찾아라.

많은 학생들에게 두 배는 자연스러울 수 있지만, 다른 수를 곱하거나 반복하는 것은 쉽지 않을 수 있다. 따라서 학생들이 합성단위로 분할할 때 반이 아닌 다른 부분으로 나누도록 도와줄 필요가 있다. 학생들이 더 작은 수를 포함하는 새로운 합성단위를 만들도록 하는 질문할 수 있다. 예를 들어, 이 문제에서 지도의 축적을 계산하는 학생이 10cm : 4mile이라는 합성단위를 만들고, 20cm : 8mile, 50cm : 20mile 등과 같은 수많은 동일한 축척을 만들기 위해 단위를 반복할 수 있도록 한다. 학생에게 원래의 "10cm : 4mile" 단위에서 보다 작은 cm와 mile로 된 몇 개의 동일한 축척을 찾도록 질문한다.

학생들의 합성단위로 분할하는 능력을 확장시키도록 돕기 위한 또 다른 전략은 그림을 그리도록 하는 것이다. 예를 들어, 어떤 특정한 지도의 18cm가 실제 15mile을 나타낸다. [그림 3.3]과 같이 "18cm : 15mile" 단위를 표시하기 위하여 학생들에게 그림을 그리도록 한다. 그 다음 거리의 $\frac{1}{3}$을 그림에 나타내고, 지도와 실제 생활에서 그만큼의 거리를 측정하는 과제 (a)와 (b)를 완성하도록 질문한다.

어떤 도시를 나타내는 지도에서 18cm는 실제 거리 15mile을 나타낸다.

(a) 거리의 $\frac{1}{3}$을 나타내어라.

(b) 거리의 $\frac{1}{3}$은 지도에서 몇 cm로 나타나는가? 그리고 실제 거리는 얼마인가?

[그림 3.3] 합성단위를 분할하도록 동기화하는 문제

tip
교사는 학생들이 보다 복합적인 수준의 비례추론을 할 수 있도록 수학적 도전에 참여할 기회를 제공함으로써 발달의 발판을 제공하라

단순한 수로 된 문제를 과제로 제시하면 학생들의 비례추론 능력을 과대평가하기 쉽다. 전형적으로 반이나 두 배와 같은 기본적인 반복과 분할하는 능력은 초기에 발달한다. 단순한 문제들을 풀 수 있다 하더라도 보다 복잡한 반복과 분할 전략들을 개발하기 위해서는 여러 가지 어려운 문제들을 부가적으로 연습하는 것이 필요할 것이다. 여기서 예시로 제시한 문제 유형을 제시함으로써, 이러한 점을 이해할 준비가 되어 있지 않은 학생들에게 알고리즘을 기억하도록 하지 않고, 자연스럽게 나타나지 않는 반복과 분할 능력을 학생들이 개발하도록 도울 수 있다. 이러한 방식으로 교사는 학생들이 비례성을 이해하도록 *지원*할 수 있다.

일상적인 삶에서 *비계*라는 용어는 보통 작업자들이 지지하는 목적으로 세운 구성물로, 빌딩 외부 둘레에 세운 구조물을 기술하는 용어이다. *비계*에 대한 교육적 의미의 핵심은 *지원*한다는 것이다. 즉, 학생을 대신하여 문제를 풀어주거나 그 문제를 쉬운 문제로 바꾸는 것이 아니라 학생 스스로 노력하도록 지원하면서 가르친다는 것이다.

학생들이 비와 비례 문제들을 어려워할 때, 너무 많은 도움을 제공하면 결국 진짜 수학에 참여할 기회를 박탈하게 된다.

예를 들어 다음 문제를 생각해보자.

> A의 심장 박동은 8초에 15번 뛰고, B의 심장 박동은 20초에 38번 뛴다. A와 B 중 누구의 심장이 빨리 뛰는가? 두 사람의 심장 박동 수는 같다고 할 수 있는가?

다음에 이어지는 논의는 문제를 해결하는 교사와 학생 간의 두 가지 서로 다른 대화를 나타낸다. 대화는 비공식적인 소규모 학습을 기반으로 하며 직접적인 전사는 아니지만, 상호작용에 대한 일반적인 분위기와 핵심을 반영한다.

학생 : 이 문제를 어떻게 풀어야 할지 모르겠어요. 저는 이 문제에서 막혔어요.
교사 : 두 사람의 심장 박동 수의 비율을 어떻게 비교했니?
학생 : 잘 모르겠어요.
교사 : 네가 전에 알고 있던 비율을 생각해보자. 어떤 비율을 알고 있니?
학생 : 글쎄요.... 시간에 대한 거리...
교사 : 좋아. 그 비율을 만드는 것이 무엇이지?
학생 : '~에 대한'이라는 표현이요.
교사 : "일에 대한"이라는 표현을 다르게 바꾸어 보자. 한 시간에 몇 마일을 걷는다고 하자. 그러면 비율로 어떻게 나타낼 수 있을까?
학생 : "하나에 대한(per one)"을 구하나요?
교사 : 그래. 그러면 일 분에 대한 심장 박동 수일까 아니면 한 번 심장 박동을 할 때 걸리는 시간일까?
학생 : 일 분에 대한 심장 박동 수
교사 : 좋아. 분당 각 사람의 심장 박동 수가 얼마인지 나누어 보고 답을 알아보자.

[생각해보기 3.2]에서는 이 시나리오에 나타나 있는 다양한 "가르치는 순간"에 대한 교사의 처리방식을 평가하도록 한다.

생각해보기 3.2

학생들의 심장이 얼마나 빨리 뛰는지 알아보기 위해 위의 대화를 생각해 보자.

a. 교사는 학생에게 풍부한 문제해결의 기회를 충분히 제공하였다고 생각하는가?

b. 여러분은 여러분의 학생들에게 어떻게 다른 방식으로 개입할 것인가?

교사가 학생을 많이 도와주었다고 생각하는가? 그럼에도 불구하고 다르게 대화를 이끌어 갈 수 있는 방법에 대해 확신할 수 있는가? 다음에 제시된 다른 시나리오를 살펴보자. 여기서 교사는 학생의 사고를 지지하지만 문제를 해결하는 것을 의도적으로 피하고 있다.

학생 : 저는 이 문제를 해결하는 방법을 모르겠어요. 뭘 할지 모르겠어요.

교사 : 문제에서 질문하는 것이 무엇인가요?

학생 : 어떤 심장이 빠르게 뛰는지 찾는 거예요.

교사 : 좋아. "빠르게"라는 것은 어떤 의미인가요?

학생 : 어느 쪽의 심장 박동 수가 더 빠른지... 좀 더 빠른지.

교사 : 좋아, ... 그러면 질문에 답할 수 있지 않을까요?

학생 : 글쎄요, B는 38번 뛰지만 시간이 더 많이 걸려요. 8초 대신 20초.

교사 : 왜 문제가 되죠?

학생 : 얼마나 많은 시간이 걸리는지가 여전히 문제에요. 제가 막힌 이유예요.

교사 : 아, 알겠어요. 그래서 심장 박동 수와 시간의 문제?

학생 : 네.

교사 : 8초에 심장 박동 수가 15번인 A와 20초에 심장 박동 수가 38번인 B가 있어요. 이 둘을 비교하는 방법을 생각해 낼 수 있나요?

학생 : 전 진짜 못하겠어요, 왜냐하면 38이 15보다 더 많고 마찬가지로 20이 8보다 많으니까요.

교사 : 다른 문제를 줄게요. A는 8초에 심장 박동 수가 15번이지만 B는 16초에 심장 박동 수가 20번이라고 합니다. 누구의 심장이 더 빨리 뛰나요?

학생 : 음....[쓰기 시작한다].

교사 : 잠시 동안 이 문제를 풀어 봐요.

…

교사 : 그래서 무엇을 이해했나요?

학생 : 음, 이게 더 쉽네요. A가 8초에 15번이라면 2를 곱하여 16초에 30번을 구할 수 있어요.

교사 : 좋아요. A에 2를 곱했네요. 왜 그렇게 했죠?

학생 : 시간을 같게 하기 위해서요.

교사 : 왜 이것이 중요한가요?

학생 : 시간이 같다면 같은 시간 동안 더 많은 심장이 뛴 사람이 누군지 알 수 있으니까요.

교사 : 이제 처음 문제를 해결할 수 있는 방법이 있을까요?

학생 : 시간을 같게 만드나요? 잘 모르겠어요. 그 수로 잘 할 수 없어요.

교사 : 왜 시도를 하지 않나요. 해답을 찾은 것을 보세요. 잠시 어떻게 해야 할지 방법을 찾아보세요. 잠시 후에 되돌아올게요.

다음에 어떤 일이 일어날 수 있을지 상상해보자. 학생은 비 15 : 8에 2를 곱하여 30 : 16을 구한다. 그 다음 30 : 16과 38 : 20을 비교하려고 시도한다. 학생은 아직 어떤 심장 박동이 빠른지 말하지 못한다고 가정하자. 그 다음 학생은 20초가 16초보다 4가 많다는 것을 알게 되고 비 15 : 8의 반을 하여 7.5 : 4를 구한다. 그리고 그녀는 20초에 37.5를 구하기 위하여 30번에 7.5를 더하고 16초에 4초를 더한다. A의 심장 박동 수가 20초에 37.5이고 B의 심장 박동 수가 같은 시간에 38번이라는 것을 알아낸 다음 B의 심장박동이 더 빠르다는 결론을 낼 수 있었다.

두 번째 대화에서 교사는 학생이 어느 심장의 박동이 빠른지 알아내도록 하였다. 학생은 심장 박동 수와 시간을 모두 고려해야 함을 이해했다. 이 발달 단계에서 그녀가 같은 심장 박동 수에 대한 시간 같은 시간에 대해 심장 박동 수 중 *어떤 것*을 비교할 수 있는지는 명확하지 않다.

학생들은 *가역성*을 이해하기 전까지 비례를 완전히 이해하지 못한다. 여기서, 가역성은 하나의 양이 아니라 *두 가지* 양으로 예측하는 방식으로 비를 인지하는 것이다. 적절한 후속조치로 심장 박동 수를 같게 만드는 것은 쉬운 문제고 시간을 같게 만드는 것은 어려운 문제를 제공하는 것이다. 이 과제는 같은 시간동안 심장 박동 수를 비교할 수 있는지 심장 박동 수가 같을 때의 시간을 비교할 수 있는지 학생이 알고 있는지 판단하도록 도와준다.

두 번째 대화는 학생에게 두 심장 박동 수를 비교하기 위하여 반으로 나누거나 두 배로 하는 기초적인 전략을 개발할 기회를 제공한다. 기초적인 반복과 분할을 하는 유형은 단위비에 의존하는 전략을 사용하는 이유를 이해하지 못하는 학생들에게 필수 단계이다. 후속 조치 문제에서 교사는 학생들이 두 배 그리고 반으로 나누는 것 이상을 할 수 있도록 하는 수를 제공할 수 있다. 아마 심장 박동 수의 3배, 4배 또는 다른 분수를 곱하여 두 번째 쌍을 만든다. 궁극적으로 학생이 다양한 “구성하기(building－up)” 전략을 사용할 때, 교사는 상대적으로 단위비 전략을 고무시키기 위해 상대적으로 중요한 수로 된 문제를 도입한다. 예를 들어, 교사는 다음과 같이 심장 박동 수를 수정할 수 있다.

> C의 심장 박동 수는 17초에 12번이고, D의 심장 박동 수는 18초에 13번이다. C 또는 D 중 심장이 더 빨리 뛰는 사람은 누구인가? 또는 동시에 같은 속도로 뛰는가?

학생들이 비를 비교하고, 다양한 비례추론 전략을 사용하고 단위비 전략을 사용하도록 필요한 이해를 천천히 개발시키려고 할 때, 교사는 학생들이 유연한 비 지식을 형성하도록 돕는다.

3) 변화 3 - 합성단위 전략에서 곱셈비교로

학생들이 반복, 분할, 합성단위를 이용한 구성하기(building-up) 전략을 사용하여 비례 상황을 다루는 기법을 발전시킨다 하더라도 비와 관련된 필수 이해 2의 "비는 두 양을 곱셈으로 비교한다"와 같이 곱셈으로 양을 비교할 필요가 있다. 이러한 중요 기능을 숙달하게 되면 학생은 비례추론과 관련하여 또 다른 변화를 하게 한다.

필수 이해 2
비는 두 양을 곱셈으로 비교하거나, 두 개의 양을 하나의 합성단위로 합친 것이다.

변화 3
학생들은 단지 합성단위 전략을 사용하는 것에서 곱셈비교를 하도록 변화해야 한다.

이러한 변화는 시간이 걸리는데, 대부분의 학생들이 곱셈으로 비교하는 것보다 합성단위를 이용하는 것이 더 자연스럽기 때문이다. 예를 들어, 연결된 두 개의 톱니바퀴에 대한 문제를 푸는 중학교 학생들은 같은 맥락에서 다음과 같은 문제를 해결한다.

> 톱니바퀴 A는 8개의 톱니, 톱니바퀴 B는 12의 톱니가 있다. 톱니바퀴 A가 96번 회전한다면 톱니바퀴 B는 몇 번 회전할 것인가?

학생들의 해결과정은 난해해 보인다. 다니는 자신의 풀이를 다음과 같이 설명했다. "톱니바퀴 B가 2번 돌 때 톱니바퀴 A가 3번 돈다는 것을 알아요. 3 : 2를 얻고 이것을 반복해요. 3 : 2, 6 : 4, 12 : 8, 24 : 16, 48 : 32, 96 : 64. 그래서 B는 64번 돌아요" 단순히 96에 $\frac{2}{3}$를 곱하면 빠르지만, 다니는 아마 아직 톱니바퀴 B가 톱니바퀴 A의 $\frac{2}{3}$만큼 빠르다는 것을 생각하지 못했을 것이다. 즉, 그녀는 톱니바퀴 A와 톱니바퀴 B의 회전수를 곱셈으로 비교하지 않았다.

다니의 반복하는 방법이 불필요하게 시간을 소모하는 것처럼 보이지만, 이것은 그녀가 다른 전략으로 나아가는 것이 편하다고 느끼기 전에 거쳐야 하는 바로 그 과정이 될 수 있다. 이것을 염두에 두고 학생들이 그들의 속도로 발전해 나가도록 해야 한다. 보다 효과적인 전략을 제공하는 대신 학생들의 구성하기 전략을 만드는 문제를 고려해야 한다.

예를 들어, 큰 수로 된 문제는 반복이 너무 힘들기 때문에 학생들 스스로 다른 전략으로 변화를 시도하게 할 수 있다. 다니가 곱셈비교를 할 수 있도록 변하게 한 좋은 문제는 다음과 같다.

> 톱니바퀴 A의 톱니는 8개이고 톱니바퀴 B의 톱니는 12개이다. 톱니바퀴 A가 1,257번을 돈다면, 톱니바퀴 B는 몇 바퀴 돌겠는가?

단순히 다니가 회전수 96에 $\frac{2}{3}$를 곱하도록 지도하게 되면 다른 문제도 비슷한 상황이 발생할 수 있다. 그러나 다니가 비 3 : 2를 여러 번 반복하는 지루한 과정을 거쳤다는 사실은 그녀가 곱셈 전략을 이해할 준비가 되어 있지 않거나 곱셈으로 비교할 준비가 되어 있지 않다는 것을 의미할 수 있다.

추론에서 이러한 변화를 통해 나아가는 것은 학생들에게 어려울 수 있다. 변화는 시간과 노력이 필요하다. 그러나 목표는 학생들이 비례추론하는 능력을 개발하도록 돕고 궁극적으로 다양한 전형적인 문제와 비전형적인 문제를 해결하게 하는 것이다. 불행하게도 교사가 제공하거나 부과했던 전략이나 알고리즘에 너무 일찍 의존하게 되면 학생들은 비례추론이 필요한 어려운 문제를 피하게 된다.

대신 교사는 다른 방식으로 곱셈비교를 하도록 자극하는 문제를 제시하거나 한 톱니바퀴가 1,257번 회전하는 것으로 두 개의 톱니바퀴 문제를 변형하여 제기할 수 있다. 예를 들어, 다음과 같이 서로 연결되어 있는 톱니바퀴에 대한 새로운 문제를 생각해 보자.

tip
학생들 스스로 적절한 전략을 개발하도록 용기를 북돋운다. 그리고 곱셈비교 또는 곱셈을 이용하는 전략을 효과적으로 제안한다.

> 톱니바퀴 A는 8개의 톱니 그리고 톱니바퀴 B는 12개의 톱니가 있다. 톱니바퀴 A를 톱니바퀴 B가 이전보다 두 배 빨리 회전하도록 새로운 톱니바퀴로 바꾸려고 한다. 새로운 톱니바퀴 A의 톱니는 몇 개가 되어야 하는가? 톱니바퀴 B가 이전보다 2배 느리게 돌게 하려면 어떻게 되어야 하는가? 이 경우에 새로운 톱니바퀴 A의 톱니는 몇 개가 필요한가?

[생각해보기 3.3]은 학생들이 이러한 문제를 해결함으로써 얻게 되는 것이 무엇인지 생각해보게 한다.

생각해보기 3.3

> 전보다 톱니바퀴 B를 두 배 빠르게 또는 느리게 회전하게 하는 새로운 톱니바퀴 A에 대한 문제를 생각해보자. 여러분은 학생들이 곱셈비교를 하도록 이 문제를 어떻게 사용할 수 있는가?

이 문제는 톱니바퀴 A가 한 번 회전할 때 톱니바퀴 B가 회전하게 만드는 방법을 알도록 도와주기 때문에 곱셈으로 비교하게 한다. 톱니바퀴 A의 톱니가 8개일 때, 톱니바퀴 B는 한 번에 $\frac{8}{12}$ 또는 $\frac{2}{3}$ 회전한다. 톱니바퀴 A의 톱니의 수가 16개로 두 배가 되면, 톱니바퀴 A가 한 번 회전할 때 톱니바퀴 B는 $\frac{16}{12}$ 또는 $\frac{4}{3}$ 회전한다는 것을 의미하게 될 것이다. 톱니바퀴 A의 톱니가 반으로 줄어든다는 것은 톱니바퀴 A가 한 번 회전할 때 톱니바퀴 B가 $\frac{1}{3}$ 회전한다는 것을 의미한다.

학생들에게 제시할 수 있는 관련된 문제는 다음과 같다.

> 톱니바퀴 A와 톱니바퀴 B가 같이 돌고 있다. 톱니바퀴 A는 톱니가 6개이고, 일정한 시간에 톱니바퀴 B는 톱니바퀴

A의 $\frac{1}{4}$만큼 회전한다. 톱니바퀴 B의 톱니는 몇 개인가?

학생들이 이러한 종류의 문제를 해결하고 하나의 양을 다른 양의 두 배가 되는 것으로, 또는 $\frac{1}{2}$이나 $\frac{1}{4}$이 되는 것으로 생각하기 시작하면, 교사는 중요하게 다뤘던 필수 이해 7에서와 같이 학생들이 합성단위와 곱셈비교를 관련시키도록 도와줄 수 있다. 비와 비례에 대한 유연한 이해는 "2번 회전할 때마다 3번 회전한다는 것"이 톱니바퀴 A의 회전수가 톱니바퀴 B의 회전수에 $\frac{3}{2}$이라는 것을 의미한다는 것과 같은 비에 대한 지식을 포함할 것이다.

필수 이해 7
비례추론은 복합적이고, 다음과 같은 이해 과정을 포함한다.
- 합성단위를 반복하거나 분할하여 동치인 비를 만들 수 있다.
- 비례관계를 유지하려면 비에서 한 양을 특정 수로 곱하거나 나눈 만큼, 다른 양도 그 수로 곱하거나 나누어야 한다.
- 두 가지 유형의 비 즉, 합성단위와 곱셈비교는 서로 관련되어 있다.

학생들이 해결할 준비가 되었을 때 곱셈 문제를 제시함으로써, 교사는 구성하기 전략, 곱셈비교 그리고 이들의 연결에 대한 이해를 개발하도록 도와줄 수 있다. 게다가 학생들에게 문제를 해결하는 자신들의 방법을 어떻게 전체 문제에 일반화할지에 대해 생각할 기회를 제공함으로써, 교사는 비와 비례에 관한 유연하고 강력한 아이디어를 개발하도록 도와줄 수 있다.

학생들이 앞에서 논의하였던 전략으로 비례 문제를 해결하는 기회를 가지면, 교사는 문제를 해결하기 위해 표준적인 방식으로 알고리즘을 도입하는 것을 고려한다. 학생들이 이미 비례 상황에 대한 이해를 잘하고 있다면, 문제를 해결하는 자신의 방식을 가지고 의미 있게 비교하고 알고리즘을 이해할 태세를 갖추도록 할 것이다. 알고리즘을 도입할 때, 가장 중요한 요소는 학생들의 준비성에 대한 교사의 판단이다.

4) 변화 4 – 합성단위의 반복에서 많은 동치인 비로

변화 4
학생들은 몇 개의 "쉬운" 동치인 비를 세우는 것에서 무한히 많은 동치인 비의 집합을 만드는 것으로 변화해야 한다.

이 절에서 언급하는 가장 중요한 변화는 디니가 했던 것과 같이, 합성단위를 반복하는 것에서 무한히 많은 동치인 비를 만들어 내는 것으로의 변화이다. 합성단위를 반복하거나 분할할 수 있는 학생들이 비와 비율에 대해 완전히 이해했다고 추측하는 것은 잘못이다. 학생들은 비에 *어떤* 수를 곱하는 것이 가능한 반면 동일한 관계를 유지한다는 것을 이해하지 못하고 합성단위를 두 배하거나 반으로 할 수 있다.

쉬운 곱셈에 의존하지 않고 동치인 비로 발달하기 위해 변화하도록 학생들을 돕는 한 가지 방법은 "복잡한" 수로 동치인 비를 생각하게 만드는 문제를 제시하는 것이다. 예를 들어, 파스타 소스 문제를 생각해보자.

> 자도라는 파스타 소스를 파는데, 7온스 한 병에 3달러 또는 전체가 $37\frac{1}{3}$온스인 두 병에 16달러이다. 7온스 한 병을 사는 것이 전체 $37\frac{1}{3}$온스인 두 병을 사는 것보다 나은가? 어떻게 알 수 있는가?

이러한 유형의 문제는 학생들이 단위비 전략을 개발하는 데 도움이 되지만, 또한 학생들의 관심을 두 개의 원래 비로 다시 되돌릴 수 있다. 이러한 비는 1 온스당 같은 가격을 나타내는가? 그렇다면 어떠한 수도 다른 수의 배수가 아닌데 어떻게 할 수 있는가? 그 다음 교사는 학생들이 어떤 유형의 비가 다른 것과 동치가 될 수 있는지에 대해 논의하게 할 수 있으며, 궁극적으로 필수 이해 8에 반영되어 있는, 무한히 많은 동치인 비의 집합으로 비례에 대한 아이디어를 개발하도록 할 수 있다.

그렇지 않으면 교사는 학생들에게 [그림 3.4]와 같이 지구와 다른 행성에서 사물의 무게에 대한 표를 제시할 수 있다. 교사는 "표에 물체의 무게가 순서쌍으로 주어져 있어요. 여러분은 어떻게 '다른 행성에서' 측정한 모든 무게 B가 *동일한* 행성에서 측정된 것이라 할 수 있나요?"라고 묻는다. 교사는 계속 질문할 수 있다. "제가 제시한 A와 B의 무게에 대한 새로운 순서쌍에서 B의 무게가 *같은* 행성에서 측정된 것이라고 말할 수 있나요?"

필수 이해 8
비율은 무한개의 동치인 비의 집합이다.

tip
일반화와 증명에 집중하도록 학생들이 다음을 하도록 격려하라.
- 전략을 세우는 것과 곱셈비교와의 연결
- 비형식적 전략과 형식적 알고리즘 사이의 관계 인식
- 비율을 무한히 많은 동치인 비의 한 집합으로 이해

	지구에서의 무게 A	다른 행성에서의 무게 B
사물 1	120	45
사물 2	27	$10\frac{1}{8}$
사물 3	42	$15\frac{3}{4}$
사물 4	16	6
사물 5	$\frac{1}{10}$	$\frac{9}{240}$

[그림 3.4] 지구와 다른 행성에서 사물의 무게에 대한 표

이 문제와 파스타 소스 문제는 표면적으로 아주 달라 보이지만 여러 가지 공통점이 있다. 첫째, 둘 다 양과 양적 관계를 강조한다. 둘째, 학생들이 자신의 추론, 일반화한 것을 설명하게 하거나 증명하게 한다. 학생들에게 네 번째 변화가 일어나도록 돕는 것이 이 문제의 중요한 측면이다.

파스타 소스 문제는 학생들이 한 병에 7온스에서 1온스당 가격이 전체 $37\frac{1}{3}$온스인 두 병에 대해 1온스당 가격과 같은지에 관하여 생각하도록 한다. 둘 다 같은 비례(1달러당 $2\frac{1}{3}$달러 또는 1온스당 43센트)를 표현한다. 학생들이 답을 구한 후에 교사는 두 표현에서 무엇이 같은지 생각하도록 질문할 수 있다. 마찬가지로 학생들에게 무게가 적힌 표를 제시하는 것은 학생들이 모든 순서쌍이 같음을 생각하도록 할 수 있고 결국 $B=\frac{3}{8}A$, $A=\frac{8}{3}B$ 또는 다른 방식으로 관계를 표현하게 한다. 동일한 관계를 나타내는 여러 가지 예시로부터 일반화함으로써 학생들은 언어적으로, 대수적으로 관계를 표현하는 데 유연함을 획득하게 된다.

또한 교사는 학생들에게 다음과 같이 질문함으로써 일반화 과정을 강조할 수 있다.

- 다양한 표현에서 유사한 것을 기술하라.

- 인지한 패턴이 여러 가지 형태의 수로 확장하는지 아닌지에 관해 생각해 보라.
- 패턴이나 관계가 적용되지 않는 상황이나 경우를 기술하라.
- 관찰된 패턴이나 관계를 일반적인 용어로 표현하라.

두 개의 연결된 톱니바퀴 문제를 다루었던 학생들은 1장과 2장에서 소개된 피에로와 개구리 상황을 포함하는 속력 문제에 대해서도 논의하였다. 교사는 속력 문제와 톱니바퀴 문제에서 같은 것이 무엇인지 질문하였다. 다음 대화는 교사가 일반화할 때 나타날 수 있는 대화의 한 예이다.

라리사 : 좋아요. 두 가지가 있어요. 하난 여기… 여기 시간과 거리가 있어요, 또는 회전수 그리고… 회전수

제이미 : 그리고 직선이 될 거예요.

교사 : 왜 직선이 되나요?

라리사 : 모두 같은 관계이기 때문이에요.

제이미 : 일정하기 때문이고 일정하다는 것은 같다는 것을 의미하고, 계속 간다는 것을 의미해요. 그리고 직선은 계속…

티모시 : 그렇지 않을 거예요.

제이미 : 그렇게 될 거에요. 모두 같은 속도를 유지하기 때문이에요.

교사 : "같은 속도를 유지한다"는 것이 무엇을 의미하죠? 다시 톱니바퀴로 돌아가서 생각해봅시다. "같은 속도"가 톱니바퀴에서 무엇을 의미했죠?

맨디 : 톱니바퀴 B는 항상 톱니바퀴 A보다 $\frac{2}{3}$만큼 돌았어요. 이것은 변하지 않았어요.

교사 : 그럼 왜 속도와 같죠?

라리사 : 마치 피에로가 초당 $\frac{2}{3}$cm 걸었다는 것과 같은

거예요. 그의 속도가 $\frac{2}{3}$라면, 이것은 톱니바퀴와 같다는 걸 의미하잖아요. 그가 걸을 때, 그는 초당 $\frac{2}{3}$cm를 가는 거예요. 일정한 속도로요.

티모시 : 둘 다 모두 같은 변하지 않는 속도이고, 속도가 항상 일정하게 유지되면, 직선이 될 거에요.

교사 : 톱니바퀴와 속도에 대해서만 그렇게 생각하나요. 아니면 다른 것도 직선을 만들 수 있나요?

라리사 : 다른 것도 가능해요.

티모시 : 속도가 일정하다면, 자동차 운전과 같이 어떤 것에 대한 어떤 것의 $\frac{2}{3}$와 같이 기본적으로 직선을 만들 수 있어요.

학생들에게 속도와 톱니바퀴 상황 모두에서 자료가 왜 직선을 이루는지 생각하도록 함으로써, 교사는 수업의 초점을 구체적인 규칙을 찾는 것에서 일반화라는 수학적 과정으로 이동시켰다. 학생들은 속력과 톱니바퀴 회전수의 특성에 대해 이해한 모든 것을 다양한 형태로 여러 가지 대수적 표현을 만들어냈다. 이러한 경험은 교사가 동일한 관계에 대한 여러 가지 대수적 형태가 수학적으로 동치인 이유에 관한 논의를 이끌어낸다.

앞의 대화에서 나타난 것처럼 학생들은 이미 $B=\frac{2}{3}A$과 같은 대수적 규칙을 만들었다. 관계나 패턴에 대한 형식화는 단지 학생들의 수학적 여정의 일부분이다. 학생들도 규칙이 성립하는 이유를 설명하고 대수적 규칙의 기원에 관해 생각해 볼 기회가 필요하다.

학생들은 이러한 증명방법을 배움으로써 동치인 비에 대한 자신의 아이디어를 설명할 수 있고, 이를 통하여 다양한 비례 관계를 이해할 수 있게 된다. 덧붙이자면 이 방법을 권장하는 것은 학생들로 하여금 부가적인 학습 기회를 제공하며 함께 토론함으로써 학습능률을 올리기 위함이다.

tip
상수 비의 의미를 강조하기 위하여 양과 양적인 관계에 학생들이 다시 주목하도록 하라.

이 장은 학생들의 비례추론 학습에 관한 중요 교육과정과 교수 주안점을 계속 강조해왔다. 학생들이 참여한 단순한 문제와 대화는 모두 실세계 양의 맥락에서 이해할 수 있는 비와 비례 상황을 제공할 필요성을 강조하였다. 톱니바퀴 비가 포함된 상황과 같이 일상적인 상황에서 양적인 관계에 관한 학생들의 추론을 도와줌으로써, 학생들이 "일정한 회전수"와 같은 아이디어를 이해할 수 있고 변함없는 비와 그러한 아이디어를 연결할 수 있다. 게다가 양적인 관계는 학생들이 비에 대해 생각하는 방법, 예를 들어 두 배 하기와 반으로 나누기, 반복하기와 분할하기, 또는 단위비 전략과 같은 방법들을 뒷받침 할 수 있다.

그러나 특히 수가 표로 표현되었을 때 학생들이 오로지 수 패턴에 집중하기 쉽다는 것을 아는 것은 중요하다. 수가 표현하는 양 대신 수와 수 패턴에 관해 생각하기 시작하면, 비와 비례에 관한 적절한 일반화를 발전시키는 것은 어렵게 된다. 심지어 수학적으로 심오한 증명방법을 제공하는 위대한 도전은 언급되지 않는다.

교사는 학생들이 양과 양적인 관계에 대한 언어에 집중하도록 돕는 데 중요한 역할을 할 수 있다. 그렇게 하는 방법은 교사가 톱니바퀴와 속도 상황에서 양적인 관계에 대한 대화를 한 것처럼 양적인 언어를 교실 논의 속에 포함시키는 것이다. 예를 들어, [그림 3.2]의 표를 조사하였던 학생이 톱니바퀴 A와 B의 회전수에 대한 순서쌍을 보고 그 다음 "B를 A로 나누면 항상 $\frac{2}{3}$이다."라고 말한다면, 교사는 학생에게 순서로 된 자료들 모두 같은 두 톱니바퀴로부터 나온 것인지 생각해보도록 할 수 있다. 또는 파스타 소스 맥락에서 문제를 풀고 "매번 x는 7 증가하고, y는 3 증가한다"와 같이 패턴을 설명하는 학생이 있다면, 그 학생에게 이것이 파스타 소소의 각 병이 동일한 양에 대해 값이 같다는 것을 의미하는지, 또는 어떤 것이 다른 것보다 비싼 것을 의미하는지에 대해 설명하도록 요구할 수 있다. 교사가 학생들에게 양 사이의 관계를 이해하고 관계식을 비로 세우도록 하면 학생들은 세상을 이해하는 방식에 근거한 표현을 형성할 수 있는 더 나은 기회를 가지게 될 것이다.

02 비형식적 평가의 역할

학생들의 이해를 평가하기 위한 한 가지 방법은 앞에서 논의한 것과 같은 문제를 학생들이 해결하게 함으로써 자신의 생각을 설명하도록 독려하는 것이다. 그러한 문제에 대한 학생들의 대답은 비 상황에 대한 그들의 이해를 상당히 드러낼 수 있다. 예를 들어, 연결된 톱니바퀴 문제에 대한 다니의 대답은 덧셈으로 양을 비교한다는 것을 드러내었다. 톱니바퀴 A가 96번 회전할 때 톱니바퀴 B의 회전수를 찾기 위해 다니에게 질문한 문제에 대한 그녀의 대답은 아직 곱셈비교를 형성하는 단계에 도달하지 못했기 때문에 반복적으로 합성단위를 반복했음을 보여준다. 다니의 답은 옳았지만 그 설명은 퀴즈나 시험문제를 통해서는 얻지 못하는 종류의 이해 수준에 관해 중요한 정보를 제공하였다.

학생들이 문제를 정확하게 해결할 수도 있으며, 또한 정당화를 통해 그 문제에 대해 어떻게 생각하는지 교사에게 보여줄 수도 있다. 예를 들어, 2장(68쪽을 보시오)에서 살펴본 “유리한 출발(head start)”과 유사한 문제를 해결하고 있는 학생들을 생각해 보자. [그림 3.5]는 학생들이 해결하고자 하는 피에로의 이동문제를 보여준다. 표의 첫 번째 열에서 -5는 피에로가 2초 후에 집보다 5cm 이전 위치에 있음을 의미한다. 반면 두 번째 열의 자료는 피에로가 12초 후에 집으로부터 20cm 앞선 위치에 있음을 의미한다.

아래 표는 시간에 따라 집으로부터 떨어진 피에로의 위치를 나타낸 것이다.

위치(cm)	경과 시간(초)
−5	2
20	12
40	20
52.5	25
140	60

a. 피에로가 같은 속도로 걸었는가? 피에로는 점점 빠르게 또는 점점 느리게 걸었는가? 어떻게 답할 수 있는가?
b. 위에서 제시한 순서쌍을 이용하여 피에로의 이동을 설명하라.

[그림 3.5] 피에로의 이동 문제

줄리는 정확하게 피에로가 매 초 2.5cm씩 이동하였고, "집보다 이전" 10cm 지점에서 출발했다는 것을 알았다(즉, 집에서 피에로가 움직인 방향과 반대되는 방향으로 10cm 지점이다). 줄리는 피에로가 이동하는 내내 같은 속력으로 걸었다고 하였다. 그러나 답에 대해 정당화하도록 했을 때, 줄리는 어려움을 겪었다.

> 줄리 : 저는 −5와 20, 2와 12 등과 같이 양쪽의 모든 수 사이의 차이를 찾았어요. 그리고 10으로 25를, 8로 20을, 5로 12.5를 나누고, 35로 87.5를 나누었더니 2.5가 나왔고, 그건 속력이예요.
> 교사 : 2.5가 피에로의 속력이라고는 것을 어떻게 알았나요?
> 줄리 : 음, 그냥 추측했어요.
> 교사 : 어떻게 그러한 추측을 했지요?
> 줄리 : 라리사가 했던 것 때문에요. 어제 라리사가 했었던 거요.

질문을 계속해도 줄리는 왜 거리의 차를 시간의 차로 나누었는지 설명하지 못했다. 비록 답은 맞았지만, 줄리의 언어적 정당화는 그 상황에서 변하지 않는 것을 인식하지 못했음을 드러낸다. 줄리는 단지 비에 대한 그녀의 이해와 적절하게 연결시키지 못한 절차를 기억했을 뿐이었다.

이러한 대화는 학생들에게 자신의 생각을 설명하고 그들이 추론한 것에 대한 정당화를 제공하도록 요구하는 것이 중요함을 강조한다. 교사의 다음 질문 "피에로의 속도가 2.5라는 것을 어떻게 알았나요?"는 단순히 학생들이 문제를 *해결한 것*에 대해 설명하는 *것* 이상으로 학생들을 압박할 필요가 있다는 것을 예시한다. 결과적으로 라리사는 줄리의 절차가 왜 성립하는지 설명할 수 있었다. "8초에 20cm 간다면 그가 1초에 몇 cm 갈 수 있는지 알기 위해 전체를 8로 나누어야만 해요. 그리고 8로 20을 나누면 2.5가 나와요. … 그건 그가 1초에 간 거리를 나타내요."

1) 곱셈 문제 유형

학생들에게 자신의 추론을 설명하고 정당화 하도록 요구하는 것이 학생들의 이해 수준을 결정하는 탁월한 방법이 될 수 있지만, 연습문제 대신 진짜 문제를 제시하지 않는 한 이러한 교실 대화는 유익할 것 같지 않다. [그림 3.6]은 연습문제이고, [생각해보기 3.4]는 진짜 문제와 비교하고 대조하게 한다.

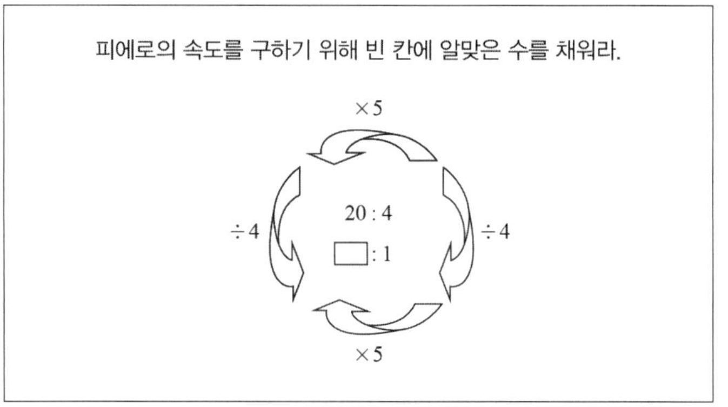

[그림 3.6] "연습문제"의 한 예

그림의 과제는 여러 가지 이유로 대다수 학생들을 위한 문제라기보다는 연습문제다. 첫째, 학생들에게 새로운 무언가를 이해하도록 요구하지 않는다. 대신 그림으로 해결 방법을 알려준다. 둘째, 비에 관한 학습에 학생들이 참여하고 있는 것처럼 보임에도 불구하고, 문제를 해결하기 위해 비를 세우도록 요구하지 않는다. 대신 빈 칸에 알맞은 수를 채우기 위하여 20을 4로 나누거나 1에 5를 곱하는 등 방향을 따르도록 한다. 반면에 실제 비 문제는 그러한 방법을 주지 않고 학생들이 비를 세우도록 한다.

진짜 문제와 연습문제의 차이점은 학생들에게 어떤 기회를 제공할지 결정할 때 유용할 수 있다. 이전에 제시하였던 연결된 톱니바퀴 문제는 다음과 같은 의미에서 진짜 문제이다.

- 학생들이 비를 구성할 수 있는 기회를 제공한다.
- 학생들에게 새로운 상황을 다루도록 요구한다.
- 학생들 스스로의 방법으로 해를 구할 수 있도록 한다.

생각해보기 3.4

[그림 3.6]의 과제는 진짜 문제인가? 그 이유를 설명하여라. 그렇다면, 연습문제로 어떻게 바꿀 수 있는가? 그렇지 않다면, 문제로 어떻게 바꿀 수 있는가?

학생들의 기량을 강화하기 위한 기회를 학생들에게 제공하는 것도 중요하지만 [그림 3.6]에서 보여주었던 것과 같은 연습문제는 *비*에 초점을 둔 것이 아니다. 단순히 학생들에게 정수의 곱셈과 나눗셈 기능을 연습하도록 요구한다.

교사는 학생들의 비례추론 능력을 평가하기 위한 여러 가지 유형의 문제를 학생들에게 부여하고 새로운 이해를 하도록 돕기를 원한다. 학생들의 사고 변화에 대한 이전의 논의는 몇 가지 유형에 대한 예를 포함하고 다음 논의는 비례추론 문제의 다섯 가지 주요 유형을 예시하고 있다.

1. *비교 문제* 이러한 유형의 문제는 전형적으로 학생들에게 두 개의 비를 보여주고 첫 번째 비가 두 번째 비보다 큰지 작은지 또는 같은지를 결정하도록 한다. 비교 문제는 학생들에게 곱셈비교를 하도록 한다. 예를 들어, 운전자가 이동하면서 이동시간과 이동거리를 기록한 결과를 보여주는 문제를 생각해 보자.

   2, 5, 7, 8시간의 운전 후, 운전자는 각각 130mile, 325mile, 445mile, 510mile과 같이 거리를 기록하였다. 여행 중 운전자가 일정한 속도로 운전하였는가? 점점 빠르게 또는 점점 느리게 운전하였는가?

   이전에 논의되었던 여러 가지 문제들, 즉 심장 박동 수와 물체의 무게, 속력 문제는 비교 문제의 한 예이다.

2. *변환 문제* 이러한 유형의 문제는 전형적으로 학생들에게 한 개의 비 또는 두 개의 동치인 비를 주고, 비 관계를 바꾸기 위하여 하나 또는 그 이상의 양을 바꾸도록 하거나 또는 그 이상의 양이 변하면 관계가 어떻게 변하는지 설명하도록 한다. 예를 들어, 다음 속도 문제를 생각해 보자.

   오전에 여행을 하면서 피에로가 개구리보다 더 멀리 그리고 더 많은 시간 동안 여행하였지만 피에로와 개구리는 같은 속도로 걸었다. 오후에 피에로와 개구리가 두 번째 여행을 하였다. 피에로는 아침에 걸었던 거리보다 2배 멀리 여행하였지만 똑같은 시간이 걸렸다. 개구리는 아침에 걸었던 거리만큼 걸었지만 시간은 아침에 비해 반만 걸렸다. 오후에 피에로는 개구리보다 빨리, 느리게 또는 같은 속도로 걸었는가?

   이 문제에서 학생들은 어떤 양을 두 배 하는 것이 다른 양을 반으로 나누는 것과 비교하여 비에 어떠한 영향을 미치는지 생각해야 한다.

3. **평균 문제**(mean value) 평균 문제는 $\frac{A}{x}=\frac{x}{B}$ 형식의 근본적인 구조가 있는 시나리오를 소개하고 학생들에게 관계를 유지할 수 있는 적절한 x의 값을 찾도록 한다. 다음은 그 예이다.

   48개의 톱니가 있는 톱니바퀴 A와 12개의 톱니가 있는 톱니바퀴 C가 있다. 톱니바퀴 A의 회전수에 대한 톱니바퀴 B의 회전수의 비가 톱니바퀴 B의 회전수에 대한 톱니바퀴 C의 회전수의 비와 같아지려면 톱니바퀴 B의 톱니는 몇 개인가?

4. **부분－부분－전체 그리고 포함 문제** 이 범주의 문제는 두 개 또는 그 이상의 부분집합에 대한 집합을 나타낸다. 예를 들어, 학생들은 8컵의 물과 4컵의 레몬농축액으로 만든 레몬에이드와 10컵의 물과 6컵의 레몬농축액으로 만든 레몬에이드가 그려진 2개의 그림을 보고, 학생들에게 어느 레몬에이드의 맛이 더 강할 것인지 묻는다. 부분－부분－전체 문제는 특징에 따라 난이도가 다르다. 예를 들어, Kaput과 Maxwell－West이 제기한 다음 두 문제를 생각해 보자(1994, p.246).

   a. 이탈리아 드레싱을 만들 때, 오일 9스푼에 식초 4스푼이 필요하다. 만약 식초가 828온스라면 오일은 얼마나 필요한가?
   b. 큰 레스토랑에서 테이블 위의 각각의 식탁 매트에 은그릇 7개와 자기 그릇 4개를 놓았다. 지난밤에 테이블을 세팅할 때 은그릇 392개가 사용되었다면 자기 그릇은 몇 개가 사용되었는가?

[생각해보기 3.5]는 이러한 문제를 학생들이 어떻게 대답하는지 교사가 생각하도록 한다.

생각해보기 3.5

앞에 제시된 두 문제 중 학생들이 더 어려워하는 것은 어떤 문제인가?

연구자들은 학생들이 식초와 오일 문제를 식탁 매트 문제보다 어려워한다는 것을 알았다(Kaput과 Maxwell－West, 1994). 식탁 매트 문제가 학생들에게 더 쉬운 이유는 상황에서 "포함"의 개념 때문이라고 추측하였다. 식탁 매트에는 부분, 즉 은그릇과 자기 그릇이 있고 이러한 항목들은 잘 확인되고 구별된다. 식탁 매트에 두 가지 유형의 항목이 함께 있다는 사실은 구성하기 전략을 뒷받침하는 것으로 보인다. 심지어 식초와 오일 문제 또한 포함이 있다 하더라도 부분들은 모호하고 쉽게 용기를 상상하기 어렵다. 학생들이 식초와 오일이 혼합된 것으로 상상할 때 이러한 성분들은 자신들의 독립된 정체를 잃어버리는 것처럼 보이고 혼합은 개념적으로 분리된 양을 유지하기 위한 부가적인 도전이 된다.

5. **기하적 닮음과 축척, 확대와 축소** 늘리기나 줄이기를 포함하는 이러한 유형의 문제는 학생들이 비례적으로 인식하기가 가장 어렵다(Kaput과 Maxwell－West, 1994). [그림 3.7]은 이러한 유형의 문제의 예를 보여준다. 이 문제가 도전적인 이유는 학생들이 보통 합성단위로 반복하거나 분할함으로써 쉽게 해결할 수 없다는 것이다. 예를 들어, 그림에서 문제를 해결하기 위해 쉽게 큰 직사각형에 맞도록 작은 직사각형을 자르고 붙일 수 없다. 대신 가로와 세로를 동시에 잡아당겨서 작은 직사각형이 큰 직사각형이 되게 만들어야 한다.

왼쪽의 직사각형은 세로가 9cm고 가로가 15cm이다. 오른쪽 직사각형은 왼쪽의 직사각형과 같은 모양이지만 더 크다. 세로가 24cm라면 가로의 길이는 얼마인가?

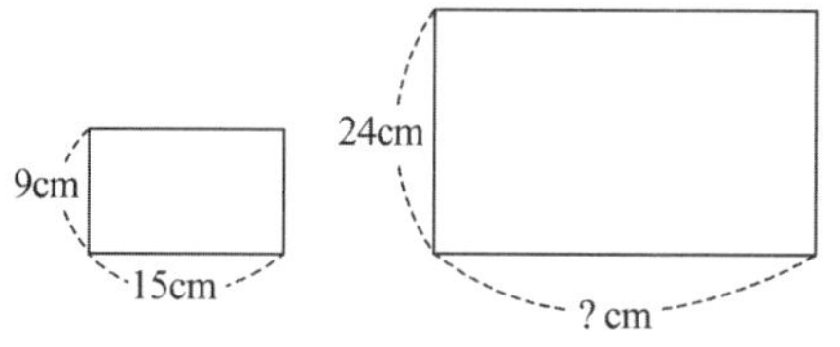

[그림 3.7] 닮음에 대한 문제

2) 비례추론의 수준 평가하기

이 절에서는 학생들이 비례적으로 추론할 때 적용하는 몇 가지 변화에 대해 논의한다. 학생들이 이러한 변화를 하도록 돕기 위해 만든 문제를 소개한다. 이 마지막 절에서는 학생들이 덧셈이나 하나의 비로 추론하든지, 합성단위나 곱셈비교로 추론하든지, 단위비를 이해하는지 못하는지 학생들이 참여한 추론 유형을 평가하는 몇 가지 방법을 정교화 한다.

1. 학생들이 덧셈으로 추론하는지 또는 비로 추론하는지 평가하기

연결된 톱니바퀴 문제와 같은 문제들은 학생들에게 비를 형성하는 기회를 제공한다. 그러나 학생들이 비를 구성할 수 있을 때조차 문제에서 주어진 양 사이의 차이가 상대적으로 작다면 덧셈 추론으로 되돌아간다. 교사는 학생들의 이러한 경향을 확인하기 위하여 다음과 같은 문제를 사용할 수 있다.

> 한 개의 큰 톱니바퀴와 한 개의 작은 톱니바퀴 두 개가 연결된 것을 생각해 보자. 작은 톱니바퀴는 12번 회전할 때, 큰 톱니바퀴는 9번 회전한다. 만약 작은 톱니바퀴가 13번 회전한다면, 큰 톱니바퀴는 몇 번 회전하는가?

이 문제는 양들 사이의 차가 작은 결측치 문제[7]이다. 덧셈추론을 보여주는 하나의 응답은 큰 톱니바퀴가 10번 회전할 것이라고 하는 것이다. 학생들이 물리적으로 톱니바퀴를 이용해 활동 한다면, 학생들이 톱니바퀴를 돌리고 회전수를 셈으로써 자신들의 추측을 탐구할 수 있다. 큰 톱니바퀴가 10번 회전하지 않는다는 것을 학생들이 발견하자마자, 교사는 그 이유에 관해 생각해보라고 요구할 수 있다. 이러한 방법으로 추측을 검사하는 것은 학생들에게 덧셈비교가 이러한 종류의 상황에서 작용하지 않는다는 것을 발견하는 기회를 주고, 잠재적으로 학생들이 새로운 접근을 적용하게 한다.

다른 문제를 생각해보자. 가상의 학생이 덧셈추론을 한 것에 대해 어떻게 판단하는지 의견을 설명하도록 한다.

> 사라가 15분에 12페이지를 읽는다면 13페이지를 읽는 데 얼마나 걸리는가? 한 학생은 "시간에 1만 더하면 되기" 때문에 사라는 13페이지를 읽는 데 16분 걸린다고 가정하였다. 여러분은 이 학생에게 동의하는가, 동의하지 않는가? 학생의 전략이 맞다고 생각한다면 어떻게 가능한지 보이고 여러분의 대답을 정당화 하여라. 학생의 전략이 적절하지 않다면, 왜 그런지 설명하여라.

이와 같은 문제는 학생들이 받아들이거나 거부해야만 하는 상식적 사고 방법을 제기하기 때문에 다른 문제가 그렇지 않다 하더라도 학생들의 덧셈추론을 사용하는 경향에 대한 증거를 끌어낸다. 가상 학생의 접근을 이해하든 하지 않든 간에, 학생들을 집단토론에 참여하게 함으로써 교사는 학생들의 비에 대한 추론이 얼마나 견고한지 그리고 덧셈비교를 사용하는 경향이 얼마나 강한지 판단할 수 있다.

가상 학생인 사라의 아이디어를 제시하는 것은 학생들의 사고를 끌어내는 소중한 방법이 될 수 있다. 제안된 아이디어는

---

7) [역자 주] missing value problem를 결측치 문제로 번역하였다. 결측치 문제는 $ad=bc$ 3개의 양을 주고 나머지 하나의 양의 값을 구하는 비례 상황의 문제를 말한다.

교사가 아니라 다른 학생으로부터 나왔다. 아이디어는 교사의 권위를 전달하지 않을 것이고, 학생들은 교사에게 동의하길 원하기 때문에 학생들은 단순히 이것에 동의할 가능성이 더 낮을 것이다. 교사는 사라의 아이디어처럼 올바른 전략과 올바르지 않은 전략 모두를 제기할 수 있다.

2. 합성단위로 또는 곱셈비교로 추론하는 학생들의 능력 평가하기

학생들이 곱셈비교를 형성하도록 시도하는 좋은 방법은 학생들이 88쪽의 톱니바퀴 문제와 같이 큰 수가 있는 예측 문제를 해결하거나 자료에 대한 표를 탐구하는 것이다. 학생들의 사고를 평가하기 위한 다른 방법은 학생들에게 답을 설명할 때 그림을 사용하거나 그리도록 요구하는 문제를 제시하는 것이다. 다음 문제를 생각해보자.

> 개구리는 4초에 5cm 걸어간다. 피에로는 12초에 15cm 걸어간다. 누가 더 빠르게 걷는가, 아니면 둘이 같은 속도로 걷는가? 여러분의 답을 그림을 그려서 설명하여라.

이 문제를 해결하였던 라리사는 [그림 3.8]과 같이 그림을 그렸다. 위의 직선은 개구리의 이동을 나타낸 것이다. 직선 위의 수는 cm를 나타내고, 네모 안의 수는 초를 나타낸다. 개구리의 이동은 4초 동안 계속되었고, 그 시간 동안 5cm 움직였다. 아래 직선은 피에로의 이동을 나타낸 것이고, 12초 동안 계속되었으며 그 시간 동안 15cm 움직였다.

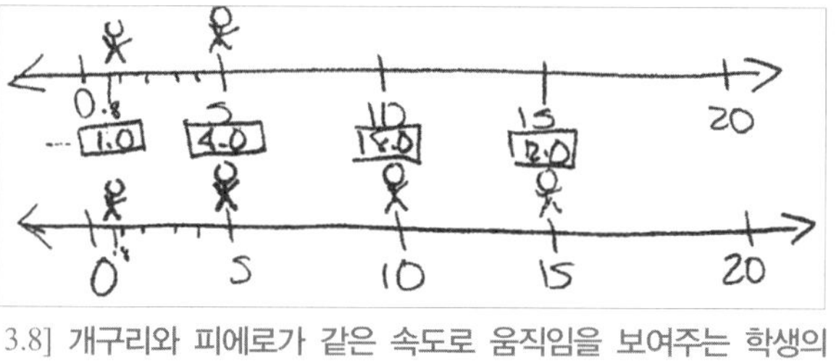

[그림 3.8] 개구리와 피에로가 같은 속도로 움직임을 보여주는 학생의 그림
(Ellis, 2007, p.219)

라리사는 개구리의 이동이 반복되는 것처럼 피에로의 이동을 생각할 수 있기 때문에 둘이 같은 속도로 걸었다고 결론지었다.

> 둘이 5에 있을 때 모두 4.0초였어요. 그러나 개구리가 멈춘 이후에도 피에로는 계속 갔어요. 피에로가 계속 갔고, 0에서 5까지 4초가 되었어요. 5에서 10까지 역시 5cm 건너뛰었고 4초 건너뛰었어요. 그리고 10부터 15까지, 5cm 건너뛰었고 역시 4, 음, 초. 그래서 개구리가 멈추었더라도 비례가 똑같이 유지돼요.

그림과 함께 제시한 라리사의 설명은 그녀가 합성단위(5cm : 4초)로 사고한다는 것을 보여준다. 이 응답은 그녀가 합성단위의 사용뿐 아니라 곱셈비교를 만들고 사용할 수 있도록 하기 위해 이 절의 초반에 소개하였던 것과 같은 문제를 더 풀어볼 필요가 있음을 보여준다.

3. 학생들의 단위비에 대한 이해 평가하기

> **필수 이해 9**
> 의미 이해에 기초한 추론 방식은 비례 문제 해결을 위한 알고리즘으로 일반화될 수 있다.

필수 이해 9는 추론의 여러 가지 비형식적인 방법이 비례 문제를 해결하기 위한 알고리즘으로 일반화될 수 있다는 것을 말한다. 학생들이 이러한 필수 이해를 획득하기 위해서 1장에서 제시하였던 것처럼 단위비에 대한 깊은 이해를 개발하도록 하는 것이 중요하다. 그 다음 학생들은 일반화 가능하고 의미 이해에 근거하며, 대각선 곱하기 알고리즘에 대안이 되는 알고리즘을 개발하기 위해 이러한 이해를 사용할 수 있다.

> **필수 이해 5**
> 비는 몫으로 의미 있게 재해석될 수 있다.

게다가 단위비를 이해하는 것은 필수 이해 5에서 보여주었던 것처럼 비를 몫으로 재해석할 수 있게 되는 것이다. 교사가 단위비와 나눗셈 사이의 중요한 관계에 대한 학생들의 이해를 평가하도록 돕기 위하여 다음과 같이 그림 그리는 문제를 학생들에게 줄 수 있다.

> 길이가 긴 15개의 샌드위치를 12명의 사람들이 먹도록 나누어 준다고 하자. 길이가 긴 샌드위치를 나누는 방법을 결정하는 중에 한 학생이 12 나누기 15를 하여, 한 샌드위치당 0.8 사람이라고 하였다. 이 학생이 계산한 것이 샌드위치를 나누기에 좋은 방법인가? 여러분의 답을 뒷받침하는 그림을 그려라.

학생들의 이해를 평가하기 위하여 그림을 사용하는 방법은 학생들에게 문제를 해결하기 위하여 주어진 그림을 이해하도록 한다. 그림이 포함된 [그림 3.9]의 문제를 생각해보자.

[독서 문제]

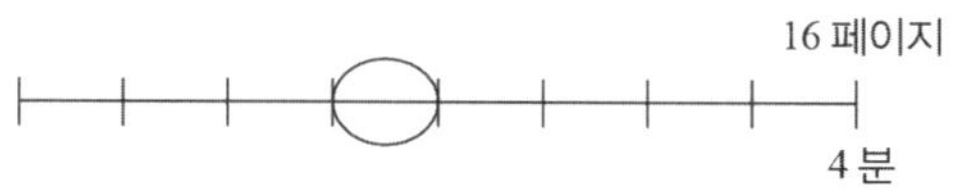

카이는 4분에 16페이지를 읽을 수 있다. 위에서 그의 읽기에 대한 그림을 생각해보자. 원이 있는 부분에서 카이는 얼마나 읽었는가?
그리고 시간은 얼마나 걸렸는가?

[그림 3.9] 학생들이 나누기와 단위비에 대해 이해할 수 있도록 고안된 문제

나누기와 분할하기 사이의 관계를 인지하지 못한 채 또는 단위비에 대한 완전한 이해 없이 문제와 씨름하는 학생들은 분할된 그룹의 수(8) 대신 분을 나타내는 수(4)로 페이지 수(16)를 나눔으로써 1분에 4페이지라는 틀린 답을 제시하였다. 이러한 일이 생긴다면 교사는 학생들에게 그림을 그려서 답을 보여주고 그림에서 다른 체크 표시를 포함한 시간과 페이시의 수를 넣도록 요구할 수 있다. 그렇게 함으로써 학생들은 무엇이 옳지 않은지 알 수 있다. 예를 들어, 학생들이 각 부분에 1분에 4페이지를 표시하는 것처럼 왼쪽부터 오른쪽까지 체크 표시를 한다면, 학생들은 매우 빠르게 그림을 통해 4분에 16페이지라는 답에 도달할 것이다. 학생들이 아직 무엇을 할지 모른다면 교사는 한 단계 뒤로 돌아가 학생들이 자연스럽게 반으로 나누

는 전략을 하도록 함으로써 나누기와 분할하기에 대한 이해를 개발하도록 도와야 한다는 신호처럼 해석해야 한다.

03 결론

그림을 그리도록 하고, 추론을 설명하게 하고, 자신의 답을 증명하게 하고, 다른 사람들의 그림, 전략, 해답을 해석하도록 요구하는 비형식적인 평가전략과 형식적인 평가 전략들은 학생들의 비례추론의 수준에 대한 새로운 통찰을 제공할 수 있다. 같은 아이디어에 대해 다양한 방법으로 학생들의 이해를 평가하기 위하여 여러 가지 문제를 제공한다고 생각해보자. 이 장에서 보여주었던 것처럼 학생들은 제시된 상황 또는 그들이 제시한 해결 방법을 실제로 이해하지 못하면서 올바르게 문제를 해결할 수도 있다. 학생들에게 여러 가지 문제에 대한 정당화, 그림 또는 해답을 제시하도록 하면 학생들이 보여준 수행 결과에 비해 충분히 이해하지 못하고 있음을 드러낼 수 있다. 1장의 보니타의 과정을 기억해 보자. 보니타가 대각선 곱하기 알고리즘을 이용하여 비례 문제를 올바르게 해결했음에도 불구하고 그 다음 과제의 이해 과정에 상당한 간극이 있음을 드러내었다.

학생들이 알고리즘을 올바르게 사용한다고 해서 학생들의 이해를 과대평가하는 것을 조심하자. 학생들의 비례추론을 판단하는 최선의 방법은 다양한 유형을 대표하는 문제와 전형적인 결측치 문제를 넘어서는 문제를 제공하는 것이다. 다양한 유형과 다양한 형식의 문제를 제공함으로써 교사는 학생들이 추론하는 방법을 더 정확히 결정할 수 있게 될 것이다.

참고문헌

Barnett-Clarke, Carne, William Fisher, Rick Marks, and Sharon Ross. *Developing Essential Understanding of Rational Numbers for Teaching Mathematics in Grades 3–5*. Essential Understanding Series. Reston, Va.: National Council of Teachers of Mathematics, forthcoming.

Clark, Faye B., and Constance Kamii. "Identification of Multiplicative Thinking in Children in Grades 1–5." *Journal for Research in Mathematics Education* 27 (January 1996): 41–51.

Clark, Matthew R., Sarah B. Berenson, and Laurie O. Cavey. "A Comparison of Ratios and Fractions and Their Roles as Tools in Proportional Reasoning." *Journal of Mathematical Behavior* 22 (August 2003): 297–317.

Ellis, Amy. "Connections between Generalizing and Justifying: Students' Reasoning with Linear Relationships." *Journal for Research in Mathematics Education* 38 (May 2007): 194–229.

Harel, Guershon, Merlyn Behr, Richard Lesh, and Thomas Post. "Invariance of Ratio: The Case of Children's Anticipatory Scheme for Constancy of Taste." *Journal for Research in Mathematics Education* 25 (July 1994): 324–45.

Kaput, James, and Mary Maxwell-West. "Missing-Value Proportional Reasoning Problems: Factors Affecting Informal Reasoning Patterns." In *The Development of Multiplicative Reasoning in the Learning of Mathematics*, edited by Guershon Harel and Jere Confrey, pp. 235–87. Albany, N.Y.: State University of New York Press, 1994.

Karplus, Robert, Steven Pulos, and Elizabeth Stage. "Early Adolescents' Proportional Reasoning on Rate Problems." *Educational Studies in Mathematics* 14 (August 1983): 219–33.

Lamon, Susan J. *Teaching Fractions and Ratios for Understanding: Essential Content Knowledge and Instructional Strategies for Teachers*. 1st ed. Mahwah, N.J.: Lawrence Erlbaum Associates, 1999.

Lehrer, Richard. "Developing Understanding of Measurement." In *A Research Companion to "Principles and Standards for School Mathematics,"* edited by Jeremy Kilpatrick, W. Gary Martin, and Deborah Schifter, pp. 179–92. Reston, Va.: National Council of Teachers of Mathematics, 2003.

Lesh, Richard, Thomas Post, and Merlyn Behr. "Proportional Reasoning." In *Number Concepts and Operations in the Middle Grades*, edited by James Hiebert and Merlyn Behr, pp. 93–118. Reston, Va.: National Council of Teachers of Mathematics, 1988.

Lobato, Joanne. "When Students Don't Apply the Knowledge You Think They Have, Rethink Your Assumptions about Transfer." In *Making the Connection: Research and Teaching in Undergraduate Mathematics*, edited by Chris Rasmussen and Marilyn Carlson, pp. 287–302. Washington, D.C.: Mathematical Association of America, 2008.

Lobato, Joanne, and Eva Thanheiser. "Developing Understanding of Ratio as Measure as a Foundation for Slope." In *Making Sense of Fractions, Ratios, and Proportions*, 2002 Yearbook of the National Council of Teachers of Mathematics (NCTM), edited by Bonnie Litwiller, pp. 162–75. Reston, Va.: NCTM, 2002.

National Council of Teachers of Mathematics (NCTM). *Curriculum Focal Points for Prekindergarten through Grade 8 Mathematics: A Quest for Coherence*. Reston, Va.: NCTM, 2006.

———. *Principles and Standards for School Mathematics*. Reston, Va.: NCTM, 2000.

———. *Focus in High School Mathematics: Reasoning and Sense Making*. Reston, Va.: NCTM, 2009.

Roschelle, Jeremy, and James Kaput. "SimCalc MathWorlds for the Mathematics of Change." *Communications of the ACM* 39 (August 1996): 97–99.

Simon, Martin A., and Glendon W. Blume. "Mathematical Modeling as a Component of Understanding Ratio-as-Measure: A Study of Prospective Elementary Teachers." *The Journal of Mathematical Behavior* 13 (June 1994): 183–97.

Steffe, Leslie. "Children's Multiplying Schemes." In *The Development of Multiplicative Reasoning in the Learning of Mathematics*, edited by Guershon Harel and Jere Confrey, pp. 3–40. Albany, N.Y.: State University of New York Press, 1994.

Thompson, Patrick W. "The Development of the Concept of Speed and Its Relationship to Concepts of Rate." *In The Development of Multiplicative Reasoning in the Learning of Mathematics*, edited by Guershon Harel and Jere Confrey, pp. 181–234. Albany, N.Y.: State University of New York Press, 1994.

Thompson, Patrick W., and Luis Saldanha. "Fractions and Multiplicative Reasoning." In *A Research Companion to "Principles and Standards for School Mathematics,"* edited by Jeremy Kilpatrick, W. Gary Martin, and Deborah Schifter, pp. 95–114. Reston, Va.: National Council of Teachers of Mathematics, 2003.

박정숙

- 서울대학교 대학원 수학교육학 박사
- 양재고등학교 교사, 한양대학교 수학교육과 겸임교수

고은성

- 서울대학교 대학원 수학교육학 박사
- 전주교육대학교 수학교육과 교수

이동환

- 서울대학교 대학원 수학교육학 박사
- 부산교육대학교 수학교육과 교수

강현영

- 서울대학교 대학원 수학교육학 박사
- 목원대학교 수학교육과 교수

수학교사를 위한 지침서 04

비, 비례, 비례추론의 필수 이해

2016년 11월 10일 초판 인쇄
2016년 11월 15일 초판 발행

저 자 Joanne Lobato, Amy B. Ellis
역 자 박정숙, 강현영, 고은성, 이동환
발행자 오판근
발행처 교우사

주 소 서울특별시 동대문구 약령시로 8 교우빌딩 2층
전 화 925-2861~2, 편집부 / 925-2825, 홈쇼핑 / 969-5762
팩 스 925-2860

E-mail kyowoo@kyowoo.co.kr
홈페이지 http://www.kyowoo.co.kr
북스토어(쇼핑몰) http://www.kyowoo.co.kr

등 록 1994. 3. 24 제6-0256호

ISBN 979-11-251-0171-0(94410)
979-11-251-0167-3(세트)
값 10,000원